Collins

Su Doku

Book

Challenge 1

200 testing Su Doku puzzles

Published by Collins
An imprint of HarperCollins Publishers
Westerhill Road
Bishopbriggs
Glasgow G64 2QT

HarperCollins*Publishers*
Macken House, 39/40 Mayor Street Upper
Dublin 1, D01 C9W8, Ireland

First Edition 2018

13

© HarperCollins Publishers 2018

All puzzles supplied by Clarity Media Ltd

ISBN 978-0-00-827963-9

A catalogue record for this book is available from the British Library.

If you would like to comment on any aspect of this book, please contact us at the above address or online.
E-mail: puzzles@harpercollins.co.uk

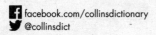

facebook.com/collinsdictionary
@collinsdict

MIX
Paper | Supporting responsible forestry
FSC™ C007454
FSC www.fsc.org

This book is produced from independently certified FSC™ paper to ensure responsible forest management.

For more information visit: www.harpercollins.co.uk/green

SU DOKU
PUZZLES

PUZZLE 1

EASY

		1		2		3		9
3	4							7
5		9					6	
	3			9	8	2		
4		7	2		3	8		6
		2	4	7			3	
	1					6		2
9							8	1
2		8		6		4		

PUZZLE 2

EASY

5				1	2		7	4
2			3		7	1		6
1	7			9			2	
					3			
		2	1		9	7		
			2					
	3			2			4	1
4		5	7		1			8
8	2		9	5				7

PUZZLE 3 EASY

8	5		3	1	6		7	
1			5					
	3						5	1
			2			9	3	
	9	3	4		7	5	1	
	1	5			9			
5	4						9	
					5			7
	7		1	9	8		4	5

PUZZLE 4

EASY

6					1	8		9
	4	9		6			3	
1				9	3	5		
						3	1	8
8		3				4		7
9	1	4						
		5	3	8				6
	7			1		2	5	
4		1	5					3

PUZZLE 5

EASY

1		6		9		3	8	2
		3						
			8	1		7		9
					5	1	2	
4		5	1		7	8		6
	8	1	4					
5		8		2	9			
						9		
7	6	9		4		2		1

PUZZLE 6   EASY

	8		7			2		
2	7	9		3		4		
		6		9		1		3
	9	4					8	2
	3						6	
6	2					7	4	
4		2		7		9		
		8		4		6	3	7
		3			6		2	

PUZZLE 7

EASY

	5						8	
			7			5		
4		1			8	2		6
6	4			8	5	3		7
	3			9			2	
5		9	3	7			6	8
8		3	9			6		4
		5			6			
	6						1	

PUZZLE 8

EASY

1		8		7		5		3
3								
4		7			5		1	
	1	6			2	4		
7		4		6		2		1
		9	4			6	3	
	7		6			1		5
								8
9		1		4		7		2

PUZZLE 9

EASY

2	5						7	
	9	3	6			5		
		6			5		2	
8			4		3	2		
	4	1		5		6	8	
		2	8		6			1
	2		5			1		
		5			4	7	6	
	8						4	5

PUZZLE 10 EASY

7	6			8	1	4		
				3			7	6
3	4							9
	2				9	7		5
			7	6	2			
6		9	8				4	
2							8	7
1	3			9				
		6	2	7			9	1

PUZZLE 11 EASY

5		3	6					
	2			7				8
	8		9	5	2			3
	5	9	1		4			
		8		2		1		
			3		5	4	2	
7			2	4	1		8	
8				3			7	
					7	2		1

PUZZLE 12 EASY

7			1	9				8
				4	3	2		
8		4				9		1
			3	5	7	8		
5				8				7
		8	9	1	6			
6		9				7		3
		7	5	3				
1				7	9			5

PUZZLE 13   EASY

			8	1	7			
8					4		7	
7			5	9		8		3
			4		9	1	3	
		1		2		5		
	6	7	1		5			
6		8		5	3			1
	7		9					5
			7	4	1			

PUZZLE 14 EASY

5		3			6			2
2	4					8		7
		8	4		2			
3			6		5	7	8	
				1				
	6	1	8		4			5
			3		8	1		
1		5					9	8
4			1			5		3

PUZZLE 15 EASY

	8			4	3	9	5	
6	5		1			4		
	3			8				6
7						8		4
			8	3	1			
3		8						5
8				5			1	
		1			6		4	8
	4	3	7	1			2	

PUZZLE 16 EASY

	7	8					2	9
2	4							8
5		9		7	8			
				5	6	7	4	1
				2				
8	5	4	7	1				
			6	8		1		3
9							5	7
1	8					4	6	

PUZZLE 17 EASY

		8	5		4			7
	4	9	6	3	2		5	
		1						
9	8					5		
		3	7	5	8	4		
		4					8	3
						7		
	3		2	9	7	8	1	
4			3		5	9		

PUZZLE 18 EASY

4		1	7	2	9	5		8
							2	1
						9		
6	7		8		2		1	3
				5				
2	8		4		1		6	5
		8						
7	4							
5		6	2	8	4	1		7

PUZZLE 19 EASY

3		9			4			
8	4		9				3	
			8					4
6			1	8			2	7
2	1			7			6	3
7	3			4	6			8
9					8			
	6				2		8	9
			6			3		2

PUZZLE 20   EASY

		9						
	1		7	3	6		9	
3			9	4		5		
		4	6	2			5	
	6	2		5		7	4	
	5			1	7	6		
		1		7	3			5
	4		1	9	2		8	
						9		

PUZZLE 21

EASY

3								
		4		2			8	5
8		9	1		3	7		
	3		5	9				2
4		5		8		9		6
9				7	6		5	
		8	2		5	4		9
2	4			3		5		
								8

PUZZLE 22

EASY

9		1						6
8	7		5			9	2	4
				9	8			7
				8	7			3
7				4				5
4			1	6				
3			8	5				
6	8	4			1		7	9
2						3		8

PUZZLE 23   EASY

			9		1		8	5
8		1	2			7	6	4
				6				
3		9				6		8
2								7
6		8				9		2
			1					
9	6	5			2	4		1
1	8		7		5			

PUZZLE 24 EASY

9	1		7	6			2	
					1			9
				2	9	3		
6	9		2				8	
7		2				4		5
	4				5		9	6
		6	1	8				
4			9					
	7			4	2		3	8

PUZZLE 25 EASY

6							5	
			4	8				2
		9	5		6	8		
9	1					2		5
	8	4	3		2	9	6	
7		2					8	1
		1	7		4	5		
2				6	1			
	7							8

PUZZLE 26

EASY

		9			3		5	6
3	7					8	1	
				7		3	2	
6			7	3				
		7	1		6	2		
				4	2			7
	2	4		5				
	5	6					3	2
7	3		2			9		

PUZZLE 27   EASY

		1						
7		4		3	8			
2				4	5			1
				5	3	8		2
9		8	4		1	5		6
3		5	8	9				
1			5	8				7
			6	1		2		3
						1		

PUZZLE 28

EASY

	2							
6		1	7				3	4
7						5	2	
5				6		7	4	
2	6		8		5		1	3
	9	4		7				5
	4	6						9
9	3				7	4		8
						5		

PUZZLE 29 EASY

4				1				
	7	2				9		8
5				8		3		4
1					4	6		
	9	7	1		6	4	8	
		6	9					1
6		4		9				7
9		5				8	4	
			4					3

PUZZLE 30 EASY

2		1	9	3		7		
3	6			7		8		
	7	4				3		
4		8			1	6		
		5	7			2		4
		3				5	6	
		2		6			3	7
		7		8	3	4		2

PUZZLE 31 EASY

	8	3	2	1			4	7
						5		
				3	7		2	9
		5	7				6	4
		8				7		
7	2				5	3		
8	4		9	6				
		2						
3	7			5	2	4	8	

PUZZLE 32

EASY

6	4			1			5	2
				3		9		1
			9		5			6
5					9			
3	1		2		8		9	5
			4					3
8			5		6			
4		3		9				
2	5			8			6	9

PUZZLE 33

EASY

	8	7						
			6			2		
9	1	2			8	4		
	6	5		2		8		
	4	9	8		6	1	7	
		8		4		6	9	
		3	4			7	1	8
		6			5			
						5	3	

PUZZLE 34 EASY

	7	5	3		4			1
	1				2	3		
						6	5	
		2	9					6
	6	8	2		5	1	9	
9					6	5		
	2	7						
		4	1				6	
1			7		8	2	3	

PUZZLE 35 EASY

9			7					4
	4			5	2		8	9
			4	9		3		
	3		5	2		8		7
8		5		6	4		1	
		1		4	7			
7	8		6	3			9	
5					9			8

PUZZLE 36　　　　　　EASY

3	1				4			8
2		9			3		5	1
			1					
	9			3	5			
	7	3	8		6	1	9	
			9	4			8	
					8			
7	2		3			8		6
1			4				7	9

PUZZLE 37   EASY

		4			6			
	6	7	3	1				4
	9	1	4	7	2			
	2							7
		6	7		3	4		
7							6	
			5	4	8	3	7	
9				2	7	8	4	
			9			2		

PUZZLE 38　　　　　　EASY

	7	9		4	1	6		
4	2						9	
5		1			9			
6	1			5		3		
			6		8			
		7		9			6	2
		2				9		6
	9						3	1
		5	9	1		2	4	

PUZZLE 39 EASY

			7			8		
	8		3	4			5	9
	6	7		5	8	3		
9		8		2				
			1		3			
				7		4		5
		6	5	8		2	9	
8	9			3	7		1	
		3			1			

PUZZLE 40

EASY

								7
	7		1	3			6	4
3	9	6		4				
	3	5		2	6			
	8		5		9		3	
			3	7		5	2	
				6		7	1	2
6	2			5	1		9	
7								

PUZZLE 41   EASY

	3	7		1	8		2	4
		4		2			9	
	2		3	4		8		
	6							3
	4						5	
2							1	
		2		5	4		3	
	7			8		5		
8	1		2	6		9	4	

PUZZLE 42 EASY

8	6						3	2
3		5		2	1			
	4	9						
9			2		3	6	1	
			8		6			
	5	2	7		9			8
						7	6	
			1	8		4		3
4	2						8	1

PUZZLE 43 EASY

2	6		4					
	1			6	7			3
7			2				9	
	8	6	5					
	9	4	3		6	8	7	
					4	9	6	
	4				2			6
6			8	4			1	
				3			2	8

PUZZLE 44

EASY

	3					7		
	8	7		9			2	5
2		9	7	5				
			4	7				8
4			9		2			3
7				1	3			
				4	7	9		1
8	7			3		6	4	
		5					3	

PUZZLE 45 EASY

3								
			6	7	8		1	3
					4	8	9	2
1		3			5		8	
	7		4		9		3	
	8		1			7		5
8	5	7	2					
9	4		8	3	6			
								8

PUZZLE 46 EASY

			9		1			3
1		6		4		7	9	
			3	7				2
			5	1			7	
8	6						5	4
	5			6	3			
6				5	4			
	1	2		9		4		5
4			1		2			

PUZZLE 47

EASY

1		3	4	8				5
9			5	3				1
6						8	3	
7								
5	8	1				6	7	2
								8
	9	2						6
8				9	5			4
4				2	8	1		3

PUZZLE 48 EASY

5		4	1	7				
2	1	6			3			
7						1		4
	2			9	8			
	9		3		7		8	
			5	2			1	
1		7						3
			7			2	6	1
				6	1	5		8

PUZZLE 49

EASY

				8	9			1
	1	4		5			2	
8		7	1			3		6
		1					7	
		8	2		4	6		
	4					8		
1		2			6	4		3
	8			2		1	9	
3			4	1				

PUZZLE 50 EASY

5				6		8		
		2					5	
6			9	5			1	
	9		7		4	3		2
	2		5		6		4	
7		4	2		8		9	
	5			7	9			6
	8					9		
		6		2				5

PUZZLE 51 EASY

3					2			
9	5		1		3	6	2	
		1		5		3		
						1	7	
	3	8	4		1	9	5	
	9	6						
		9		2		7		
	7	5	9		6		1	8
			5					9

PUZZLE 52 EASY

6		8		3			2	
	7		1	6		8	3	
					8		9	1
			8	9			7	
8								6
	3			1	7			
7	9		6					
	8	3		4	1		6	
	6			8		4		7

PUZZLE 53 EASY

	2		6		3	9		
	9	3	4				8	6
6		1	9					
			7					8
	8	7				3	9	
3					8			
					6	7		1
7	1				9	4	6	
		6	1		7		3	

PUZZLE 54

EASY

4		2			3	9	5	
		7	2		8			
5			1			2		3
				8	2		4	7
7	4		9	3				
6		9			7			5
			8		9	6		
	3	4	5			7		1

PUZZLE 55 EASY

3	5		1	7	2	4		
						3		
6	7				3			
	9		5	2				3
	8		7		1		2	
4				3	9		5	
			2				3	4
		2						
		7	4	1	6		9	2

PUZZLE 56 EASY

	1				2			8
	3		8	9				5
	5			3	7			
	8	9		4				3
4		1				6		9
3				2		8	1	
			2	7			9	
8				5	4		2	
2			3				8	

PUZZLE 57

EASY

	7		9	4			6	
1		4		5	2			
		9	6			5		
	4	1			6			2
6								8
5			4			7	1	
		6			5	2		
			2	6		1		9
	2			7	9		8	

PUZZLE 58　　　EASY

			8					5
	8	5	2		1	7	9	
6		7	5					8
2		9					7	
	6						5	
	5					9		6
1				5	2			9
	9	6	3		2	4	8	
3					8			

PUZZLE 59

EASY

5	1	8						6
7	9					1		
			8					
	3		4	7		6	2	
2	6		3		1		7	9
	8	7		2	5		1	
					8			
		2					9	5
8						2	3	1

PUZZLE 60 EASY

	8	3		7	5		1	6
	9			6	8			
		5	9		1			
5	7		1	9				
				4	6		2	7
			6			9	4	
			7	8				6
6	1		5	3		8	9	

PUZZLE 61 EASY

4	2				5		3	
7			8		2	1		
				3				2
	1			2		5	6	4
		2				7		
5	4	9		6			2	
2				4				
		4	1		6			3
	6		2				7	5

PUZZLE 62

EASY

2					4	8		
		3	8			6	1	9
1				9				3
	5		2			4	9	
		9				1		
	6	4			1		5	
6				2				4
5	3	2			8	9		
		8	6					7

PUZZLE 63

EASY

					8			4
2			3				5	
	3		7	5			8	9
8	1		9			4	6	
			8		2			
	4	5			1		9	2
1	5			6	7		2	
	7				9			1
4			5					

PUZZLE 64

EASY

			2				5	4
						9		7
6	4			9		3		
4	2			8		7		3
8	9						2	5
7		3		4			9	8
		7		5			4	1
3		4						
5	8				1			

PUZZLE 65 EASY

	2	4	8			9	1	3
8						2		
		5				8	7	4
				1	4	6	3	
	1	8	5	3				
5	4	9				3		
		1						7
2	3	7			1	4	8	

PUZZLE 66

EASY

5				4				9
4		8		6			2	
	1	9			5	7		
6	9		5					
	2	4				1	6	
					6		9	7
		5	1			6	7	
	8			9		2		1
1				5				4

PUZZLE 67   EASY

6	1			4		8		9
9				8	2			
8	4	5	9					
				7			9	2
		4				5		
2	6			1				
					7	9	6	5
			2	9				8
4		9		5			2	3

PUZZLE 68 EASY

	1				9	2		4
9	6			4				7
		7				3	9	5
	7		2		5			
1								2
			9		4		7	
7	2	6				8		
8				5			2	9
3		5	8				1	

PUZZLE 69   MEDIUM

		2	9			3		7
6	5		3	1				
		7						
	6				5			
3			2		4			9
			6				7	
						4		
				8	3		1	5
5		6			9	7		

PUZZLE 70   MEDIUM

		9						2
		3				8		
8			3		7			
9	4		8		5			7
6			7		9		4	8
			4		8			5
		6				2		
4						6		

PUZZLE 71 MEDIUM

						1		5
				7			2	
		5			2	8	7	6
			7		6		4	
1			8		9			3
	5		2		3			
6	1	2	4			5		
	4			6				
9		7						

PUZZLE 72 MEDIUM

			3					
2		5	9				7	1
	3					5		9
1		6	8					7
			4		7			
3					5	1		8
5		1					2	
4	2				1	7		5
					9			

PUZZLE 73

MEDIUM

		7		6	5			
		8	3	9	2	7	1	
7		1					3	
8		3				4		6
	6					1		7
	7	5	1	4	6	9		
			8	7		2		

PUZZLE 74

MEDIUM

		2						
			3		2		9	8
	8				5		6	1
		9			8		2	
	2		4		9		1	
	4		2			3		
8	7		9				5	
9	1		8		3			
						9		

PUZZLE 75

MEDIUM

	2		3	8				5
		7			6	8		2
8	3							
			9					4
	9		6		3		2	
1					7			
							5	7
2		9	4			1		
3				6	2		4	

PUZZLE 76
MEDIUM

	4		6				5	
2						9		
	3		9	1		7		
4			7			3		
		7			2			1
		3		8	4		1	
		5						8
	2				6		9	

PUZZLE 77 MEDIUM

	1		9		7			5
5							9	
			5	6			4	
		6		2				8
4								9
8				5		7		
	5			1	6			
	8							2
3			8		2		6	

PUZZLE 78　　　　MEDIUM

				3	8			2
			5			3		9
					2		6	
7		9			3			6
	8		9		4		2	
1			7			9		3
	1		6					
8		2			1			
6			8	7				

PUZZLE 79 MEDIUM

					9	5		
		5	7		4		3	
				5			4	2
1			4			8		6
4		7			5			1
9	6			8				
	5		6		3	9		
		8	5					

PUZZLE 80 MEDIUM

5						6		8
			1					4
	2		9			3	7	
			3			7		9
	1						4	
8		7		4				
	3	1		5		9		
9				3				
2		5						6

PUZZLE 81 MEDIUM

		1						
7	4		3		2	1	8	
	6		1					4
		4			5		9	3
9	8		6			7		
1					6		7	
	9	8	4		1		5	6
						8		

PUZZLE 82 MEDIUM

9			1				4	
	4	5		6				
1				5		2	9	
				9	3	1		
7								4
		1	2	7				
	5	7		2				1
				1		3	2	
	1				8			6

PUZZLE 83

MEDIUM

7			1	8		2		
						5		
9		1		2				4
	7	2						
	6	9				8	3	
						1	7	
8				9		6		1
		3						
		4		7	2			8

PUZZLE 84

MEDIUM

	9				3		4	
	6		7			3		
8		3		4				
		1		2			5	
6	7						1	4
	3			6		8		
				8		5		2
		6			4		3	
	1		2				6	

PUZZLE 85

MEDIUM

1								
	5		2			4	3	
		3		6			5	1
			1			8		3
			7		4			
3		4			6			
5	9			1		7		
	2	8			5		1	
								2

PUZZLE 86 — MEDIUM

		9		6				8
	8		5				3	
5	2				8			
	5	6		1				
	9		6		4		8	
				5		6	2	
			4				5	3
	7				1		4	
8				7		9		

PUZZLE 87

MEDIUM

		2	7				8	9
						3		
5		9				1	2	
		8		4		6	7	
	5	7		1		8		
	4	3				2		8
		5						
9	6				8	4		

PUZZLE 88 MEDIUM

	9							
4				5	3	8		
	1				4			3
	7		6			2		
6				1				9
		8			5		3	
7			3				4	
		6	8	2				7
							1	

PUZZLE 89   MEDIUM

8		2				9		
6	7						4	
			1					
		5			9		3	4
4			6		7			2
1	2		5			6		
					3			
	8						1	5
		6				8		7

PUZZLE 90   MEDIUM

1	9					2		
8			7					5
		3		9	2			
	1					7		
3			8		7			6
		6					5	
			2	4		5		
5					1			8
		9					4	1

PUZZLE 91 MEDIUM

1			3			9	7	4
					2		3	
		4		5	3	6		
		9		7		4		
		5	9	2		8		
	9		7					
2	4	3			6			9

PUZZLE 92 MEDIUM

			6					2
	9		4		1	8		
7				9	5	4		1
						6	5	
4								9
	1	9						
2		4	9	7				3
		3	1		4		2	
8					3			

PUZZLE 93 MEDIUM

					6			
			2			3	7	5
	9			3				4
					3	4		1
5		6		1		9		2
3		1	9					
4				2			8	
6	2	3			8			
			7					

PUZZLE 94　　　　　MEDIUM

2	8			9				
						4	1	
		4			1	9		2
	7		2					8
			9	7	3			
1					6		4	
9		6	8			1		
	2	8						
			6				2	4

PUZZLE 95

MEDIUM

9					4	5		
			5	1		7		
						3	2	
2	5		4					6
		7				1		
6					8		7	2
	4	2						
		5		9	7			
		3	2					5

PUZZLE 96 MEDIUM

3	1	8	4		2			
			1	8				
	9					1		
8	2							9
		9		7		5		
5							2	7
		5					6	
				2	6			
			3		9	4	8	2

PUZZLE 97 MEDIUM

	5				6	3		
		7			4			6
9	4		3	5			8	
							6	
		9	4		7	5		
	2							
	8			6	3		1	5
6			7			8		
		3	8				4	

PUZZLE 98

MEDIUM

3			1					
	7		3		9	4		
	1		5	4				
7	9					5		
6	3						9	4
		1					2	6
				1	8		5	
		3	9		5		8	
					6			7

PUZZLE 99

MEDIUM

		8						
1		6		7	8			
	3		9				1	
8			2					9
	9			5			2	
5					6			8
	2				5		7	
			4	3		9		2
						4		

PUZZLE 100

MEDIUM

		5	7					4
8			1			3	9	
3	2							
		7		2				
5			6		7			1
				4		9		
							4	8
	3	2			8			7
7					5	6		

PUZZLE 101 MEDIUM

				1		8		2
					5		6	
1			4		2			
6	8		1			3		
	5						2	
		9			6		7	1
			2		8			7
	1		3					
9		2		6				

PUZZLE 102 MEDIUM

	9	5		2		1		
			6				9	2
2								4
			3		4			7
	5			7			4	
6			8		5			
1								6
3	7				1			
		4		3		7	1	

PUZZLE 103 MEDIUM

2				5	6		9	
				1		4		
	1	5						
		8		6	2		3	
3								6
	7		9	3		1		
						6	8	
		2		8				
	6		7	2				5

PUZZLE 104   MEDIUM

	5		9					
		8			3			
7		3					9	1
			6				3	2
	4			2			1	
2	8				7			
1	7					5		6
			2			9		
					5		7	

PUZZLE 105 MEDIUM

		1		3			6	
4				7		5		3
	7						2	
8					1	7		
3								2
		7	9					8
	3						8	
6		4		5				1
	2			8		3		

PUZZLE 106 MEDIUM

			2					4
		9		6				3
	4				3		2	
	2		1	5				
	8	7		4		2	3	
				2	7		4	
	1		7				6	
6				3		8		
3					1			

PUZZLE 107 MEDIUM

		4					1	
8	2			1	5			7
		1	7				9	
2				5				4
			1		2			
4				8				6
	4				9	2		
6			8	3			4	9
	3					8		

PUZZLE 108 MEDIUM

		6	1				9	
7					9			6
	8			5		2		
1			7			9	6	
	6						4	
	9	7			1			3
		8		9			3	
4			8					2
	1				3	8		

PUZZLE 109   MEDIUM

		8			6	5		
	2							
			2		1	4	8	
8				7		6		
2			6	4	1			7
	9		2					1
9	4	6		3				
							9	
		5	1			2		

PUZZLE 110   MEDIUM

					2			1
			6	1		7		
	1				8		2	3
		8	7		9		6	
		6				1		
	9		3		1	2		
7	4		2				1	
		9		4	7			
2			8					

PUZZLE 111　　　　MEDIUM

6				7	4			
7	4		2	8				6
							2	
	3				1	2		
		6				9		
		7	4				5	
	5							
2				3	5		1	8
			6	2				5

PUZZLE 112

MEDIUM

		6		7				1
	7		3	8				2
		4	9					6
					9			
		8				9		
			8					
4					2	8		
2				6	3		1	
3				1		6		

PUZZLE 113   MEDIUM

	8			7				
		2	6			1		
1			4				8	5
			2			5	3	
	9			5			1	
	3	1			8			
9	1				5			3
		6			4	7		
			6			2		

PUZZLE 114　　　MEDIUM

				2	9			
	8				3	7		2
	6						9	8
	7	3			1	9		
				8				
		1	9			6	2	
2	9						5	
4		8	3				7	
			7	9				

PUZZLE 115 MEDIUM

		6						1
5				2		7		
			5				9	8
6	1			4			5	
		3	9		5	1		
	5			7			4	2
3	9				7			
		4		5				3
7						6		

PUZZLE 116 MEDIUM

				1	8	6		
		1	6		2			
6				3				5
	9		1					8
	1			2			5	
3					7		2	
7				8				6
			3		9	8		
		9	2	6				

PUZZLE 117 MEDIUM

	4				9			
9				7	1			3
1		7					2	
	3		1				6	9
7								2
6	9				3		4	
	7					3		6
5			9	3				1
			2				9	

PUZZLE 118   MEDIUM

		2	7					3
		5	3				1	
				2		6	5	
			7		4			
	1	7				5	8	
		9		5				
9	4		2					
	2			8	5			
8					7	9		

PUZZLE 119 MEDIUM

					4	5		
			6			3	1	
2	3			7		8		
			5					3
		2	3		7	9		
6					1			
		7		1			9	5
	9	5			3			
		4	9					

PUZZLE 120   MEDIUM

					6	5		8
				4				
	4	3				6		
6			9			7	8	
		4	5		7	9		
	9	5			8			3
		6				8	3	
			9					
9		7	1					

PUZZLE 121   MEDIUM

	5		2			7	4	
		2		5			8	3
				8	4			
							6	8
1				7				2
3	6							
			7	6				
9	8			3		2		
	1	7			2		5	

PUZZLE 122 — MEDIUM

9				5		2		
		8		1				
	5		7					1
3		9		4	1		6	
			2		9			
	6		8	7		5		9
4					7		1	
				9		7		
		5		3				4

PUZZLE 123

MEDIUM

		6				1		
		4	1			8	6	2
	1			2				
					2			4
	3			9			2	
5			6					
				7			1	
8	6	7			3	2		
		2				9		

PUZZLE 124 MEDIUM

6			3	1				
				2			6	
	2				7			9
8	1		5			9		
		3				6		
		7			9		2	1
4			8				7	
	7			4				
				7	3			6

PUZZLE 125 MEDIUM

			3	5		1		
	7	1	2					4
2				6			8	
1			7			3	9	
	9	8			3			6
	1			7				8
7					4	9	5	
		6		3	9			

PUZZLE 126

MEDIUM

		7	6				8	9
	3				7		4	
6		2				7		
				9			5	
			4		8			
	5			6				
		5				6		1
	1		3				9	
2	8				6	4		

PUZZLE 127　　　　MEDIUM

	5	1			8			
			4			1		
	7	2		1		6	4	
	8		1			4		
				5				
		7			6		2	
	4	8		2		3	9	
		6			1			
			3			8	7	

PUZZLE 128 MEDIUM

3	7			6			8	
						2	9	
	6	8		2		1		
		3	2					
1			8		6			7
					3	4		
		6		7		9	3	
	8	1						
	3			8			4	1

PUZZLE 129 MEDIUM

5		9						1
		7			1		9	
	3	8	2					
				8	5	4		6
			1		4			
8		4	9	2				
					7	9	4	
	8		4			1		
7						8		5

PUZZLE 130 — MEDIUM

	6		2			1		4
					4			
		4		9			2	5
	8							9
	5			7			1	
1							8	
7	1			5		8		
			3					
4		8			2		3	

PUZZLE 131   MEDIUM

9			3	2		7		
	1				6			
	6			7			4	
4							8	9
			5		8			
5	8							7
	7			4			6	
			6				7	
		2		9	7			4

PUZZLE 132 MEDIUM

4				9		7		
				6		1		2
7			8			9		3
					8	3		
	3	6				4	2	
		4	1					
6		9			5			7
2		1		7				
		7		1				4

PUZZLE 133 MEDIUM

	7		2				3	
				7		8		5
2		8		5				
	6			1	2			7
4								2
7			8	4			6	
				9		3		1
5		7		6				
	4				8		5	

PUZZLE 134

MEDIUM

				4				7
	8						6	
			3			4		
3				2	9			4
1	6		4		5		8	3
4			6	1				5
		2			7			
	5						7	
8				3				

PUZZLE 135 MEDIUM

		5					3	
				7	5			
2			6		9		1	
8							4	3
3				2				9
6	9							7
	6		1		3			2
			7	6				
	4					5		

PUZZLE 136

MEDIUM

					7			1
	8			9	3		7	
						8		5
			1	8		7		3
		6		7		5		
3		8		5	6			
9		2						
	5		6	4			3	
1			9					

PUZZLE 137 DIFFICULT

			1				6	4
6					5			
1				2		5		
2	7		5			8	9	
				3				
	8	3			7		4	2
		4		1				8
		7						9
7	2				3			

PUZZLE 138 DIFFICULT

6		4				8	3	
		5					4	
	2			8			6	7
					2			
	4		9	5	6		2	
			1					
4	5			7			8	
	9					2		
	7	8				6		4

PUZZLE 139   DIFFICULT

		4				7		
	3						9	4
	6		9		7			2
	4			7				6
2								7
6				5			8	
4			8		3		7	
5	1						4	
		8				1		

PUZZLE 140 DIFFICULT

4			7					
	1		6	3				
9		3			1			7
	2				3	9		
		1				3		
		4	8				7	
5			3			4		1
				8	2		5	
				6				2

PUZZLE 141 DIFFICULT

	3				1		6	4
								8
	7		4		3			
	4		5		2	7		
		5				2		
		6	3		7		1	
			1		9		2	
8								
4	2		6				9	

PUZZLE 142

DIFFICULT

		9	8				5	
6					3	4	7	
	8			6			3	
8		5						
			9		1			
						5		9
	3			4			6	
	4	8	6					2
	6				5	3		

PUZZLE 143 DIFFICULT

1		7	4			2		6
		4			5	1		
4					9			3
	3			6			2	
7			8					5
		3	9			6		
5		8			3	4		7

PUZZLE 144 DIFFICULT

3			8	2				5
	9							
	4		5		1	8		
	2	3				7		
	6			4			8	
		7				9	3	
		4	2		3		5	
							1	
2				1	5			8

PUZZLE 145 DIFFICULT

	5					8	1	
		9	5					3
		6		8	7			
	4						7	1
			2		4			
3	8						6	
			8	4		3		
5					9	1		
	7	8					5	

PUZZLE 146 DIFFICULT

4			7		6			
	3			2				
6		1	8		5			
		9				4	1	
		3				2		
	4	5				7		
			3		4	6		7
				9			5	
			5		7			8

PUZZLE 147 DIFFICULT

		9	1					4
			3			5		
		1			6			
	8		7	3		6		
	7			6			8	
		4		9	1		5	
			4			1		
		8			5			
2					3	7		

PUZZLE 148 DIFFICULT

	9	1	3					2
4	6							
	2		6				1	
		4	5			9		
			8		1			
		3			2	5		
	3				8		2	
							5	4
7					6	1	8	

PUZZLE 149 DIFFICULT

					2	7		
	5	8	7					
9			6					8
		6					1	
1	8	2				6	9	3
	9					8		
8					4			7
					7	4	5	
		3	1					

PUZZLE 150

DIFFICULT

	8			2		5	4	
		9	5					
	4						7	
			7	3	6			1
6								7
3		1	6	8				
	3						9	
				8	7			
	9	2		5			3	

PUZZLE 151   DIFFICULT

2	7						9	
				8	1		4	
	8		6					
	4		5					1
		3		6		4		
7					8		6	
					9		1	
	1		2	3				
	9						8	6

PUZZLE 152 DIFFICULT

6					2	7		
						1		
7	3						6	
		7		3				2
2			1		9			6
8				4		9		
	6						8	9
		4						
		5	6					4

PUZZLE 153

DIFFICULT

	4	2			5			1
5			8					
				1				7
2	6			7		8		
3								6
		8		5			2	3
4				9				
					3			4
1			2			5	9	

PUZZLE 154

DIFFICULT

	3	9			5			
		5		1			7	9
					3		5	
	4	3						
8			5		9			1
						8	6	
	7		1					
6	5			9		4		
			7			2	8	

PUZZLE 155   DIFFICULT

					6			7
	9				8	4		
				5				3
7		9		8		6	5	
	5			6			8	
	6	1		3		7		2
5				4				
		3	1				2	
9			8					

PUZZLE 156 DIFFICULT

			8	4			3	
3				6				8
			3			6	5	
	9	4						
8	6						7	1
						2	9	
	5	1			8			
4				7				9
	3			1	5			

PUZZLE 157 DIFFICULT

3				4	7			
8			9					
					3		5	2
7	5		4			9		
				3				
		1			2		4	5
1	7		2					
					1			9
			3	8				4

PUZZLE 158 DIFFICULT

				8				6
3		7					1	
	1			7		8		
7	5		9			6		
	3						5	
		9			5		4	7
		1		4			6	
	7					9		5
5				9				

PUZZLE 159　　　　　DIFFICULT

			9		3		8	
		7				1		
3				8				4
	6	5			9			
			5		6			
			8			2	6	
1				9				7
		3				6		
	9		2		8			

PUZZLE 160   DIFFICULT

	7		8			5		
		5		4				2
	1				3		6	
					2			
3				7				6
			9					
	5		4				1	
7				8		9		
		1			6		2	

PUZZLE 161 DIFFICULT

9	3		7					5
		5		9			1	
				8				
7				6	8		2	
	4						3	
	9		2	1				6
				3				
	1			4		8		
2					6		9	1

PUZZLE 162

DIFFICULT

	1			2		6	
3		6					1	
				9				7
				5				1
	2	9				7	4	
4			9					
2			8					
	5					4		8
	7		3				9	

PUZZLE 163 DIFFICULT

		5	9		7		2	4
9								
	4	2	8				5	
		1			5		7	
				7				
	8		3			5		
	1				9	7	4	
								5
8	7		1		3	6		

PUZZLE 164 DIFFICULT

			2		4		7	9
	8					1		
9					6			
3		9		2				
1		2				9		3
				9		7		5
			4					7
		3					6	
4	9		8		5			

PUZZLE 165

DIFFICULT

			7		6		5	
					4			7
6	2				8			1
5						8	3	
	4						1	
	9	3						6
2			1				9	8
9			8					
	1		5		3			

PUZZLE 166 DIFFICULT

				9	2			
	5	3			8			9
6	9					1		
		6	8					1
			7	4	6			
4					9	5		
		1					2	4
3			5			6	9	
			2	3				

PUZZLE 167

DIFFICULT

8		7					2	
		5	1	2				
6					5			
		2			4			9
	6	9		3		8	4	
5			8			7		
			6					8
				7	1	3		
	3					1		4

PUZZLE 168 DIFFICULT

						9	8	
	1			7	2		6	3
6			4					
	6							2
		2	5	6	8	3		
5							4	
					4			1
2	5		1	8			7	
	3	1						

PUZZLE 169

DIFFICULT

		1				2		
2				1			6	3
7			3					
		9	4		2			
		2		9		7		
			6		1	4		
					8			6
1	5			6				8
		7				9		

PUZZLE 170 DIFFICULT

2		4						
	1			8	2	9		
						1	5	
8				4				3
			3	1	9			
1				6				7
	2	8						
		6	7	5			4	
						5		9

PUZZLE 171

DIFFICULT

		8	2			5		
	4		1		6			9
	2							
				1				8
	3	9				7	5	
1				5				
							7	
6			9		7		3	
		2			4	8		

PUZZLE 172

DIFFICULT

							2	3
		8		7	5			
6			2				4	
		2		9				8
			8	1	7			
7				4		3		
	9				4			7
			1	5		6		
5	2							

PUZZLE 173   DIFFICULT

					9			
	3		7				4	
	7	5		2			8	9
					8			3
8		4				1		6
6			1					
1	2			9		8	3	
	4				3		7	
			5					

PUZZLE 174

DIFFICULT

			6		4		8	
9				1		3		
7					3			4
			3		9			2
	5						9	
2			7		5			
3			8					6
		7		5				3
	6		2		7			

PUZZLE 175 DIFFICULT

						6		8
		7	9				4	
					4		2	
6		5			8		1	
	3	1		2		8	7	
	9		4			5		3
	1		7					
	8				2	3		
5		3						

PUZZLE 176   DIFFICULT

	1						8	7
				6				5
7				8	4		9	
6			5				1	
	4						3	
	3				2			6
	5		3	9				1
1				7				
9	6						7	

PUZZLE 177 DIFFICULT

					8		7	
9		5		6		8		
			5		1	2		
							4	1
	5						9	
8	1							
		4	6		5			
		1		2		7		4
	3		4					

PUZZLE 178   DIFFICULT

	5	3		7		1		
		4			6			
2	7							
		7		3	9		5	
5								1
	6		4	8		9		
							9	8
			7			2		
		2		1		5	7	

PUZZLE 179 DIFFICULT

8			4	2		5		
						4		2
		5					8	
6		4	8	5			7	
				3				
	7			4	6	3		8
	5					9		
3		2						
		9		1	3			7

PUZZLE 180 DIFFICULT

		9				4		8
2			3					9
	7				8		6	
			2					3
7				3				5
1					6			
	2		5				1	
8					9			2
4		6				3		

PUZZLE 181 DIFFICULT

		9	5				2	8
				2		4	6	
2				4				3
	2	1			6			
			3			6	7	
8				9				4
	7	2		5				
5	9				4	7		

PUZZLE 182 DIFFICULT

	7	6	8					1
4								
9		5	1		6			7
	2					6		
		1		3		5		
		3					9	
7			4		5	1		6
								5
1					7	8	4	

PUZZLE 183 DIFFICULT

6		3	9				8	
	9	8			7			
						2		
		2		5	9			
			8		3			
			4	1		9		
		9						
			7			6	5	
	1				5	8		7

PUZZLE 184 DIFFICULT

	4				6			
		1	5				8	
2	6	5		1				
	1				2	3		
		9		4		7		
		6	7				2	
				2		1	7	6
	5				9	2		
			3				9	

PUZZLE 185
DIFFICULT

	1					7		4
3		7			4	5		
				2	8	6		
8			3			2		
				8				
		1			7			6
		9	4	3				
		3	1			9		2
2		6					4	

PUZZLE 186

DIFFICULT

6					8	1		
		2	3	9				
9				6				
7	3			2			8	
	4						2	
	8			5			4	7
				1				9
				4	9	5		
		8	6					4

PUZZLE 187   DIFFICULT

	3				8			7
7		5	6				9	
		8		9			1	
						8	2	
	7			2			3	
	8	1						
	4			3		9		
	5				7	4		3
8			9				7	

PUZZLE 188 DIFFICULT

	4							9
			4		9			3
		6	8	3				
		9	5			2		6
	3						5	
6		4			7	8		
				6	5	3		
1			7		4			
8							4	

PUZZLE 189   DIFFICULT

8		2						4
9	5							
		4			6	9	2	
		9		5	7			
5								3
			3	8		1		
	9	3	7			8		
							5	6
1						7		9

PUZZLE 190 DIFFICULT

4			9	3			1	
						7	9	
				5		3		4
	5		8					9
			5	7	6			
1					3		7	
3		4		8				
	6	2						
	8			4	9			6

PUZZLE 191 DIFFICULT

	9							2
3				8	7			1
				3	2		5	
		5	6				8	
		7				1		
	4				8	9		
	5		8	6				
6			7	4				3
1							4	

PUZZLE 192 DIFFICULT

		8	3				4	
					2	5		
						7	9	3
	8	3		6				
7				1				6
				4		3	1	
3	7	2						
		1	6					
	9				8	2		

PUZZLE 193 DIFFICULT

				5	3			
	8					7		1
9			1			3		
		8		6		9		
	4		3		8		6	
		2		7		8		
		3			5			9
5		7					8	
			9	2				

PUZZLE 194　　DIFFICULT

		5	8					2
	1		9	7				
	6				3			
6	2						1	
9			6		4			5
	4						8	6
			3				7	
				2	6		5	
1					9	3		

PUZZLE 195 DIFFICULT

		4	3			7		
3		6				2		
9			8	2				
	4	5		8				
			6	9	2			
				1		3	8	
				3	5			1
		7				5		2
		2			9	8		

PUZZLE 196

DIFFICULT

		2						
5					6			
3	9	4	5			2		
1			4	6				8
	7						6	
6				8	5			7
		6			8	3	4	5
		9						1
					8			

PUZZLE 197   DIFFICULT

	6				4		9	
				5	3			1
			6			5		7
	2							6
		6	5		7	2		
4							7	
5		3			9			
7			8	3				
	9		1				4	

PUZZLE 198 DIFFICULT

	7					4		6
1					9			
			2	7		1		
			8			3		
9	6			3			8	1
		4			7			
		3		2	6			
			3					5
6		8				2		

PUZZLE 199 DIFFICULT

2		6			1			
	3		2					1
7						8		
			6			7		5
			8	4	9			
1		3			5			
		9						3
5					7		6	
			1			9		8

PUZZLE 200 DIFFICULT

			9			3	4	
9				1			6	2
	6					1		
2				8				
6			3	9	1			5
				4				3
		6					5	
8	4			5				1
	5	7			6			

SOLUTIONS

1

8	7	1	6	2	5	3	4	9
3	4	6	8	1	9	5	2	7
5	2	9	3	4	7	1	6	8
6	3	5	1	9	8	2	7	4
4	9	7	2	5	3	8	1	6
1	8	2	4	7	6	9	3	5
7	1	3	9	8	4	6	5	2
9	6	4	5	3	2	7	8	1
2	5	8	7	6	1	4	9	3

2

5	8	3	6	1	2	9	7	4
2	9	4	3	8	7	1	5	6
1	7	6	4	9	5	8	2	3
9	1	8	5	7	3	4	6	2
3	4	2	1	6	9	7	8	5
6	5	7	2	4	8	3	1	9
7	3	9	8	2	6	5	4	1
4	6	5	7	3	1	2	9	8
8	2	1	9	5	4	6	3	7

3

8	5	2	3	1	6	4	7	9
1	6	9	5	7	4	8	2	3
7	3	4	9	8	2	6	5	1
6	8	7	2	5	1	9	3	4
2	9	3	4	6	7	5	1	8
4	1	5	8	3	9	7	6	2
5	4	8	7	2	3	1	9	6
9	2	1	6	4	5	3	8	7
3	7	6	1	9	8	2	4	5

4

6	3	2	7	5	1	8	4	9
5	4	9	2	6	8	7	3	1
1	8	7	4	9	3	5	6	2
7	2	6	9	4	5	3	1	8
8	5	3	1	2	6	4	9	7
9	1	4	8	3	7	6	2	5
2	9	5	3	8	4	1	7	6
3	7	8	6	1	9	2	5	4
4	6	1	5	7	2	9	8	3

5

1	7	6	5	9	4	3	8	2
8	9	3	2	7	6	4	1	5
2	5	4	8	1	3	7	6	9
6	3	7	9	8	5	1	2	4
4	2	5	1	3	7	8	9	6
9	8	1	4	6	2	5	3	7
5	1	8	7	2	9	6	4	3
3	4	2	6	5	1	9	7	8
7	6	9	3	4	8	2	5	1

6

3	8	1	7	5	4	2	9	6
2	7	9	6	3	1	4	5	8
5	4	6	8	9	2	1	7	3
1	9	4	5	6	7	3	8	2
8	3	7	4	2	9	5	6	1
6	2	5	1	8	3	7	4	9
4	6	2	3	7	8	9	1	5
9	1	8	2	4	5	6	3	7
7	5	3	9	1	6	8	2	4

7

2	5	7	4	6	1	9	8	3
3	8	6	7	2	9	5	4	1
4	9	1	5	3	8	2	7	6
6	4	2	1	8	5	3	9	7
7	3	8	6	9	4	1	2	5
5	1	9	3	7	2	4	6	8
8	2	3	9	1	7	6	5	4
1	7	5	2	4	6	8	3	9
9	6	4	8	5	3	7	1	2

8

1	6	8	9	7	4	5	2	3
3	5	2	1	8	6	9	7	4
4	9	7	3	2	5	8	1	6
5	1	6	7	3	2	4	8	9
7	3	4	8	6	9	2	5	1
8	2	9	4	5	1	6	3	7
2	7	3	6	9	8	1	4	5
6	4	5	2	1	7	3	9	8
9	8	1	5	4	3	7	6	2

9

2	5	8	3	4	1	9	7	6
7	9	3	6	2	8	5	1	4
4	1	6	9	7	5	8	2	3
8	6	9	4	1	3	2	5	7
3	4	1	7	5	2	6	8	9
5	7	2	8	9	6	4	3	1
6	2	4	5	3	7	1	9	8
9	3	5	1	8	4	7	6	2
1	8	7	2	6	9	3	4	5

10

7	6	2	9	8	1	4	5	3
9	1	8	4	3	5	2	7	6
3	4	5	6	2	7	8	1	9
8	2	3	1	4	9	7	6	5
4	5	1	7	6	2	9	3	8
6	7	9	8	5	3	1	4	2
2	9	4	3	1	6	5	8	7
1	3	7	5	9	8	6	2	4
5	8	6	2	7	4	3	9	1

11

5	4	3	6	1	8	7	9	2
9	2	6	4	7	3	5	1	8
1	8	7	9	5	2	6	4	3
2	5	9	1	6	4	8	3	7
4	3	8	7	2	9	1	6	5
6	7	1	3	8	5	4	2	9
7	9	5	2	4	1	3	8	6
8	1	2	5	3	6	9	7	4
3	6	4	8	9	7	2	5	1

12

7	6	2	1	9	5	3	4	8
9	1	5	8	4	3	2	7	6
8	3	4	7	6	2	9	5	1
2	4	1	3	5	7	8	6	9
5	9	6	2	8	4	1	3	7
3	7	8	9	1	6	5	2	4
6	5	9	4	2	8	7	1	3
4	8	7	5	3	1	6	9	2
1	2	3	6	7	9	4	8	5

13

3	2	9	8	1	7	6	5	4
8	1	5	3	6	4	2	7	9
7	4	6	5	9	2	8	1	3
5	8	2	4	7	9	1	3	6
4	3	1	6	2	8	5	9	7
9	6	7	1	3	5	4	8	2
6	9	8	2	5	3	7	4	1
1	7	4	9	8	6	3	2	5
2	5	3	7	4	1	9	6	8

14

5	7	3	9	8	6	4	1	2
2	4	9	5	3	1	8	6	7
6	1	8	4	7	2	3	5	9
3	9	4	6	2	5	7	8	1
8	5	2	7	1	3	9	4	6
7	6	1	8	9	4	2	3	5
9	2	6	3	5	8	1	7	4
1	3	5	2	4	7	6	9	8
4	8	7	1	6	9	5	2	3

15

2	8	7	6	4	3	9	5	1
6	5	9	1	7	2	4	8	3
1	3	4	5	8	9	2	7	6
7	1	6	2	9	5	8	3	4
4	9	5	8	3	1	7	6	2
3	2	8	4	6	7	1	9	5
8	6	2	9	5	4	3	1	7
9	7	1	3	2	6	5	4	8
5	4	3	7	1	8	6	2	9

16

6	7	8	4	3	1	5	2	9
2	4	1	9	6	5	3	7	8
5	3	9	2	7	8	6	1	4
3	9	2	8	5	6	7	4	1
7	1	6	3	2	4	9	8	5
8	5	4	7	1	9	2	3	6
4	2	5	6	8	7	1	9	3
9	6	3	1	4	2	8	5	7
1	8	7	5	9	3	4	6	2

17

2	6	8	5	1	4	3	9	7
7	4	9	6	3	2	1	5	8
3	5	1	8	7	9	6	4	2
9	8	6	4	2	3	5	7	1
1	2	3	7	5	8	4	6	9
5	7	4	9	6	1	2	8	3
8	9	2	1	4	6	7	3	5
6	3	5	2	9	7	8	1	4
4	1	7	3	8	5	9	2	6

18

4	6	1	7	2	9	5	3	8
9	5	7	3	4	8	6	2	1
8	2	3	1	6	5	9	7	4
6	7	5	8	9	2	4	1	3
3	1	4	6	5	7	2	8	9
2	8	9	4	3	1	7	6	5
1	9	8	5	7	6	3	4	2
7	4	2	9	1	3	8	5	6
5	3	6	2	8	4	1	9	7

19

3	5	9	7	2	4	8	1	6
8	4	7	9	6	1	2	3	5
1	2	6	8	3	5	9	7	4
6	9	4	1	8	3	5	2	7
2	1	8	5	7	9	4	6	3
7	3	5	2	4	6	1	9	8
9	7	2	3	5	8	6	4	1
5	6	3	4	1	2	7	8	9
4	8	1	6	9	7	3	5	2

20

4	7	9	2	8	5	1	6	3
8	1	5	7	3	6	2	9	4
3	2	6	9	4	1	5	7	8
7	3	4	6	2	9	8	5	1
1	6	2	3	5	8	7	4	9
9	5	8	4	1	7	6	3	2
6	9	1	8	7	3	4	2	5
5	4	7	1	9	2	3	8	6
2	8	3	5	6	4	9	1	7

21

3	2	7	8	5	4	6	9	1
1	6	4	7	2	9	3	8	5
8	5	9	1	6	3	7	2	4
7	3	6	5	9	1	8	4	2
4	1	5	3	8	2	9	7	6
9	8	2	4	7	6	1	5	3
6	7	8	2	1	5	4	3	9
2	4	1	9	3	8	5	6	7
5	9	3	6	4	7	2	1	8

22

9	4	1	7	3	2	8	5	6
8	7	3	5	1	6	9	2	4
5	6	2	4	9	8	1	3	7
1	5	6	2	8	7	4	9	3
7	2	8	9	4	3	6	1	5
4	3	9	1	6	5	7	8	2
3	9	7	8	5	4	2	6	1
6	8	4	3	2	1	5	7	9
2	1	5	6	7	9	3	4	8

23

4	2	6	9	7	1	3	8	5
8	9	1	2	5	3	7	6	4
5	3	7	4	8	6	1	2	9
3	7	9	5	2	4	6	1	8
2	1	4	6	9	8	5	3	7
6	5	8	3	1	7	9	4	2
7	4	2	1	6	9	8	5	3
9	6	5	8	3	2	4	7	1
1	8	3	7	4	5	2	9	6

24

9	1	3	7	6	8	5	2	4
2	6	4	3	5	1	8	7	9
8	5	7	4	2	9	3	6	1
6	9	5	2	1	4	7	8	3
7	8	2	6	9	3	4	1	5
3	4	1	8	7	5	2	9	6
5	3	6	1	8	7	9	4	2
4	2	8	9	3	6	1	5	7
1	7	9	5	4	2	6	3	8

25

6	2	8	1	3	7	4	5	9
3	5	7	4	8	9	6	1	2
1	4	9	5	2	6	8	7	3
9	1	3	6	7	8	2	4	5
5	8	4	3	1	2	9	6	7
7	6	2	9	4	5	3	8	1
8	3	1	7	9	4	5	2	6
2	9	5	8	6	1	7	3	4
4	7	6	2	5	3	1	9	8

26

2	1	9	4	8	3	7	5	6
3	7	5	6	2	9	8	1	4
4	6	8	5	7	1	3	2	9
6	4	2	7	3	5	1	9	8
5	8	7	1	9	6	2	4	3
1	9	3	8	4	2	5	6	7
9	2	4	3	5	8	6	7	1
8	5	6	9	1	7	4	3	2
7	3	1	2	6	4	9	8	5

27

5	9	1	2	6	7	3	4	8
7	6	4	1	3	8	9	2	5
2	8	3	9	4	5	6	7	1
4	1	6	7	5	3	8	9	2
9	7	8	4	2	1	5	3	6
3	2	5	8	9	6	7	1	4
1	3	9	5	8	2	4	6	7
8	4	7	6	1	9	2	5	3
6	5	2	3	7	4	1	8	9

28

4	2	3	5	8	6	1	9	7
6	5	1	7	2	9	8	3	4
7	8	9	4	3	1	5	2	6
5	1	8	9	6	3	7	4	2
2	6	7	8	4	5	9	1	3
3	9	4	1	7	2	6	8	5
1	4	6	3	5	8	2	7	9
9	3	5	2	1	7	4	6	8
8	7	2	6	9	4	3	5	1

29

4	6	8	3	1	9	7	5	2
3	7	2	4	6	5	9	1	8
5	1	9	7	8	2	3	6	4
1	5	3	8	2	4	6	7	9
2	9	7	1	3	6	4	8	5
8	4	6	9	5	7	2	3	1
6	8	4	5	9	3	1	2	7
9	3	5	2	7	1	8	4	6
7	2	1	6	4	8	5	9	3

30

2	8	1	9	3	5	7	4	6
3	6	9	4	7	2	8	5	1
5	7	4	6	1	8	3	2	9
4	9	8	3	2	1	6	7	5
7	2	6	8	5	4	9	1	3
1	3	5	7	9	6	2	8	4
9	1	3	2	4	7	5	6	8
8	4	2	5	6	9	1	3	7
6	5	7	1	8	3	4	9	2

31

5	8	3	2	1	9	6	4	7
2	9	7	4	8	6	5	3	1
4	1	6	5	3	7	8	2	9
1	3	5	7	2	8	9	6	4
9	6	8	3	4	1	7	5	2
7	2	4	6	9	5	3	1	8
8	4	1	9	6	3	2	7	5
6	5	2	8	7	4	1	9	3
3	7	9	1	5	2	4	8	6

32

6	4	9	8	1	7	3	5	2
7	2	5	6	3	4	9	8	1
1	3	8	9	2	5	7	4	6
5	8	2	3	6	9	1	7	4
3	1	4	2	7	8	6	9	5
9	7	6	4	5	1	8	2	3
8	9	1	5	4	6	2	3	7
4	6	3	7	9	2	5	1	8
2	5	7	1	8	3	4	6	9

33

6	8	7	2	9	4	3	5	1
5	3	4	6	7	1	2	8	9
9	1	2	5	3	8	4	6	7
1	6	5	9	2	7	8	4	3
3	4	9	8	5	6	1	7	2
7	2	8	1	4	3	6	9	5
2	5	3	4	6	9	7	1	8
8	7	6	3	1	5	9	2	4
4	9	1	7	8	2	5	3	6

34

6	7	5	3	9	4	8	2	1
8	1	9	5	6	2	3	4	7
2	4	3	8	1	7	6	5	9
7	5	2	9	3	1	4	8	6
4	6	8	2	7	5	1	9	3
9	3	1	4	8	6	5	7	2
5	2	7	6	4	3	9	1	8
3	8	4	1	2	9	7	6	5
1	9	6	7	5	8	2	3	4

35

9	5	6	7	8	3	1	2	4
3	4	7	1	5	2	6	8	9
1	2	8	4	9	6	3	7	5
4	3	9	5	2	1	8	6	7
6	1	2	9	7	8	4	5	3
8	7	5	3	6	4	9	1	2
2	9	1	8	4	7	5	3	6
7	8	4	6	3	5	2	9	1
5	6	3	2	1	9	7	4	8

36

3	1	7	2	5	4	9	6	8
2	4	9	6	8	3	7	5	1
5	8	6	1	9	7	4	3	2
8	9	1	7	3	5	6	2	4
4	7	3	8	2	6	1	9	5
6	5	2	9	4	1	3	8	7
9	6	4	5	7	8	2	1	3
7	2	5	3	1	9	8	4	6
1	3	8	4	6	2	5	7	9

37

2	3	4	8	9	6	7	1	5
8	6	7	3	1	5	9	2	4
5	9	1	4	7	2	6	3	8
3	2	9	1	6	4	5	8	7
1	8	6	7	5	3	4	9	2
7	4	5	2	8	9	1	6	3
6	1	2	5	4	8	3	7	9
9	5	3	6	2	7	8	4	1
4	7	8	9	3	1	2	5	6

38

8	7	9	5	4	1	6	2	3
4	2	3	8	6	7	1	9	5
5	6	1	3	2	9	8	7	4
6	1	4	7	5	2	3	8	9
9	5	2	6	3	8	4	1	7
3	8	7	1	9	4	5	6	2
1	4	8	2	7	3	9	5	6
2	9	6	4	8	5	7	3	1
7	3	5	9	1	6	2	4	8

39

3	5	9	7	1	2	8	4	6
1	8	2	3	4	6	7	5	9
4	6	7	9	5	8	3	2	1
9	3	8	4	2	5	1	6	7
5	7	4	1	6	3	9	8	2
6	2	1	8	7	9	4	3	5
7	1	6	5	8	4	2	9	3
8	9	5	2	3	7	6	1	4
2	4	3	6	9	1	5	7	8

40

1	4	2	6	9	5	3	8	7
5	7	8	1	3	2	9	6	4
3	9	6	8	4	7	2	5	1
9	3	5	4	2	6	1	7	8
2	8	7	5	1	9	4	3	6
4	6	1	3	7	8	5	2	9
8	5	3	9	6	4	7	1	2
6	2	4	7	5	1	8	9	3
7	1	9	2	8	3	6	4	5

41

5	3	7	9	1	8	6	2	4
1	8	4	6	2	7	3	9	5
9	2	6	3	4	5	8	7	1
7	6	1	5	9	2	4	8	3
3	4	9	8	7	1	2	5	6
2	5	8	4	3	6	7	1	9
6	9	2	7	5	4	1	3	8
4	7	3	1	8	9	5	6	2
8	1	5	2	6	3	9	4	7

42

8	6	1	9	7	4	5	3	2
3	7	5	6	2	1	8	9	4
2	4	9	5	3	8	1	7	6
9	8	4	2	5	3	6	1	7
7	1	3	8	4	6	2	5	9
6	5	2	7	1	9	3	4	8
1	3	8	4	9	2	7	6	5
5	9	6	1	8	7	4	2	3
4	2	7	3	6	5	9	8	1

43

2	6	9	4	3	8	1	5	7
4	1	5	9	6	7	2	8	3
7	3	8	2	5	1	6	9	4
1	8	6	5	7	9	3	4	2
5	9	4	3	2	6	8	7	1
3	7	2	1	8	4	9	6	5
8	4	1	7	9	2	5	3	6
6	2	3	8	4	5	7	1	9
9	5	7	6	1	3	4	2	8

44

5	3	4	2	6	8	7	1	9
6	8	7	3	9	1	4	2	5
2	1	9	7	5	4	3	8	6
1	9	3	4	7	5	2	6	8
4	5	6	9	8	2	1	7	3
7	2	8	6	1	3	5	9	4
3	6	2	8	4	7	9	5	1
8	7	1	5	3	9	6	4	2
9	4	5	1	2	6	8	3	7

45

3	1	8	9	5	2	6	7	4
2	9	4	6	7	8	5	1	3
7	6	5	3	1	4	8	9	2
1	2	3	7	6	5	4	8	9
5	7	6	4	8	9	2	3	1
4	8	9	1	2	3	7	6	5
8	5	7	2	9	1	3	4	6
9	4	2	8	3	6	1	5	7
6	3	1	5	4	7	9	2	8

46

5	2	7	9	8	1	6	4	3
1	3	6	2	4	5	7	9	8
9	4	8	3	7	6	5	1	2
2	9	4	5	1	8	3	7	6
8	6	3	7	2	9	1	5	4
7	5	1	4	6	3	8	2	9
6	7	9	8	5	4	2	3	1
3	1	2	6	9	7	4	8	5
4	8	5	1	3	2	9	6	7

47

1	2	3	4	8	7	9	6	5
9	7	8	5	3	6	2	4	1
6	4	5	2	1	9	8	3	7
7	6	4	8	5	2	3	1	9
5	8	1	9	4	3	6	7	2
2	3	9	7	6	1	4	5	8
3	9	2	1	7	4	5	8	6
8	1	6	3	9	5	7	2	4
4	5	7	6	2	8	1	9	3

48

5	3	4	1	7	9	8	2	6
2	1	6	8	4	3	7	9	5
7	8	9	6	5	2	1	3	4
6	2	1	4	9	8	3	5	7
4	9	5	3	1	7	6	8	2
8	7	3	5	2	6	4	1	9
1	6	7	2	8	5	9	4	3
9	5	8	7	3	4	2	6	1
3	4	2	9	6	1	5	7	8

49

5	2	3	6	8	9	7	4	1
6	1	4	3	5	7	9	2	8
8	9	7	1	4	2	3	5	6
9	6	1	8	3	5	2	7	4
7	3	8	2	9	4	6	1	5
2	4	5	7	6	1	8	3	9
1	5	2	9	7	6	4	8	3
4	8	6	5	2	3	1	9	7
3	7	9	4	1	8	5	6	2

50

5	1	9	4	6	2	8	3	7
4	7	2	3	8	1	6	5	9
6	3	8	9	5	7	2	1	4
8	9	5	7	1	4	3	6	2
3	2	1	5	9	6	7	4	8
7	6	4	2	3	8	5	9	1
2	5	3	1	7	9	4	8	6
1	8	7	6	4	5	9	2	3
9	4	6	8	2	3	1	7	5

51

3	8	7	6	4	2	5	9	1
9	5	4	1	8	3	6	2	7
2	6	1	7	5	9	3	8	4
5	4	2	3	9	8	1	7	6
7	3	8	4	6	1	9	5	2
1	9	6	2	7	5	8	4	3
6	1	9	8	2	4	7	3	5
4	7	5	9	3	6	2	1	8
8	2	3	5	1	7	4	6	9

52

6	1	8	5	3	9	7	2	4
4	7	9	1	6	2	8	3	5
3	5	2	4	7	8	6	9	1
1	4	5	8	9	6	3	7	2
8	2	7	3	5	4	9	1	6
9	3	6	2	1	7	5	4	8
7	9	4	6	2	5	1	8	3
5	8	3	7	4	1	2	6	9
2	6	1	9	8	3	4	5	7

53

8	2	4	6	1	3	9	7	5
5	9	3	4	7	2	1	8	6
6	7	1	9	8	5	2	4	3
1	6	9	7	3	4	5	2	8
2	8	7	5	6	1	3	9	4
3	4	5	2	9	8	6	1	7
9	3	2	8	4	6	7	5	1
7	1	8	3	5	9	4	6	2
4	5	6	1	2	7	8	3	9

54

4	1	2	7	6	3	9	5	8
3	9	7	2	5	8	1	6	4
5	8	6	1	9	4	2	7	3
9	5	1	6	8	2	3	4	7
2	6	3	4	7	5	8	1	9
7	4	8	9	3	1	5	2	6
6	2	9	3	1	7	4	8	5
1	7	5	8	4	9	6	3	2
8	3	4	5	2	6	7	9	1

55

3	5	8	1	7	2	4	6	9
2	1	9	8	6	4	3	7	5
6	7	4	9	5	3	2	8	1
7	9	6	5	2	8	1	4	3
5	8	3	7	4	1	9	2	6
4	2	1	6	3	9	7	5	8
1	6	5	2	9	7	8	3	4
9	4	2	3	8	5	6	1	7
8	3	7	4	1	6	5	9	2

56

7	1	4	5	6	2	9	3	8
6	3	2	8	9	1	7	4	5
9	5	8	4	3	7	1	6	2
5	8	9	1	4	6	2	7	3
4	2	1	7	8	3	6	5	9
3	7	6	9	2	5	8	1	4
1	4	3	2	7	8	5	9	6
8	9	7	6	5	4	3	2	1
2	6	5	3	1	9	4	8	7

57

2	7	5	9	4	3	8	6	1
1	6	4	8	5	2	9	7	3
3	8	9	6	1	7	5	2	4
8	4	1	7	9	6	3	5	2
6	3	7	5	2	1	4	9	8
5	9	2	4	3	8	7	1	6
9	1	6	3	8	5	2	4	7
7	5	8	2	6	4	1	3	9
4	2	3	1	7	9	6	8	5

58

9	1	3	8	4	7	6	2	5
4	8	5	2	6	1	7	9	3
6	2	7	5	3	9	1	4	8
2	3	9	1	5	6	8	7	4
7	6	1	9	8	4	3	5	2
8	5	4	7	2	3	9	1	6
1	4	8	6	7	5	2	3	9
5	9	6	3	1	2	4	8	7
3	7	2	4	9	8	5	6	1

59

5	1	8	9	3	2	7	4	6
7	9	3	5	6	4	1	8	2
4	2	6	8	1	7	9	5	3
1	3	5	4	7	9	6	2	8
2	6	4	3	8	1	5	7	9
9	8	7	6	2	5	3	1	4
3	5	1	2	9	8	4	6	7
6	7	2	1	4	3	8	9	5
8	4	9	7	5	6	2	3	1

60

2	8	3	4	7	5	9	1	6
7	9	1	3	6	8	2	5	4
4	6	5	9	2	1	7	8	3
5	7	2	1	9	3	6	4	8
8	4	6	2	5	7	1	3	9
1	3	9	8	4	6	5	2	7
3	2	8	6	1	9	4	7	5
9	5	4	7	8	2	3	6	1
6	1	7	5	3	4	8	9	2

61

4	2	8	6	1	5	9	3	7
7	3	5	8	9	2	1	4	6
1	9	6	4	3	7	8	5	2
3	1	7	9	2	8	5	6	4
6	8	2	3	5	4	7	1	9
5	4	9	7	6	1	3	2	8
2	7	3	5	4	9	6	8	1
8	5	4	1	7	6	2	9	3
9	6	1	2	8	3	4	7	5

62

2	9	6	1	3	4	8	7	5
4	7	3	8	5	2	6	1	9
1	8	5	7	9	6	2	4	3
7	5	1	2	6	3	4	9	8
8	2	9	5	4	7	1	3	6
3	6	4	9	8	1	7	5	2
6	1	7	3	2	9	5	8	4
5	3	2	4	7	8	9	6	1
9	4	8	6	1	5	3	2	7

63

5	9	7	1	2	8	6	3	4
2	8	4	3	9	6	1	5	7
6	3	1	7	5	4	2	8	9
8	1	2	9	7	5	4	6	3
9	6	3	8	4	2	7	1	5
7	4	5	6	3	1	8	9	2
1	5	9	4	6	7	3	2	8
3	7	6	2	8	9	5	4	1
4	2	8	5	1	3	9	7	6

64

9	7	8	2	1	3	6	5	4
1	3	2	5	6	4	9	8	7
6	4	5	7	9	8	3	1	2
4	2	1	9	8	5	7	6	3
8	9	6	1	3	7	4	2	5
7	5	3	6	4	2	1	9	8
2	6	7	3	5	9	8	4	1
3	1	4	8	2	6	5	7	9
5	8	9	4	7	1	2	3	6

65

7	2	4	8	6	5	9	1	3
8	9	3	1	4	7	2	5	6
1	6	5	3	2	9	8	7	4
9	5	2	7	1	4	6	3	8
3	7	6	9	8	2	1	4	5
4	1	8	5	3	6	7	9	2
5	4	9	2	7	8	3	6	1
6	8	1	4	9	3	5	2	7
2	3	7	6	5	1	4	8	9

66

5	3	6	2	4	7	8	1	9
4	7	8	9	6	1	5	2	3
2	1	9	3	8	5	7	4	6
6	9	7	5	1	3	4	8	2
3	2	4	8	7	9	1	6	5
8	5	1	4	2	6	3	9	7
9	4	5	1	3	2	6	7	8
7	8	3	6	9	4	2	5	1
1	6	2	7	5	8	9	3	4

67

6	1	2	7	4	5	8	3	9
9	3	7	1	8	2	6	5	4
8	4	5	9	6	3	2	7	1
5	8	1	6	7	4	3	9	2
7	9	4	3	2	8	5	1	6
2	6	3	5	1	9	4	8	7
1	2	8	4	3	7	9	6	5
3	5	6	2	9	1	7	4	8
4	7	9	8	5	6	1	2	3

68

5	1	3	7	8	9	2	6	4
9	6	2	5	4	3	1	8	7
4	8	7	1	6	2	3	9	5
6	7	4	2	1	5	9	3	8
1	3	9	6	7	8	5	4	2
2	5	8	9	3	4	6	7	1
7	2	6	4	9	1	8	5	3
8	4	1	3	5	6	7	2	9
3	9	5	8	2	7	4	1	6

69

1	4	2	9	6	8	3	5	7
6	5	8	3	1	7	9	2	4
9	3	7	5	4	2	1	8	6
7	6	9	8	3	5	2	4	1
3	8	1	2	7	4	5	6	9
4	2	5	6	9	1	8	7	3
8	7	3	1	5	6	4	9	2
2	9	4	7	8	3	6	1	5
5	1	6	4	2	9	7	3	8

70

1	7	9	5	8	6	4	3	2
5	6	3	2	9	4	8	7	1
8	2	4	3	1	7	9	5	6
9	4	2	8	3	5	1	6	7
3	8	7	6	4	1	5	2	9
6	1	5	7	2	9	3	4	8
2	3	1	4	6	8	7	9	5
7	9	6	1	5	3	2	8	4
4	5	8	9	7	2	6	1	3

71

2	7	3	6	8	4	1	9	5
8	6	1	9	7	5	3	2	4
4	9	5	1	3	2	8	7	6
3	8	9	7	5	6	2	4	1
1	2	6	8	4	9	7	5	3
7	5	4	2	1	3	6	8	9
6	1	2	4	9	8	5	3	7
5	4	8	3	6	7	9	1	2
9	3	7	5	2	1	4	6	8

72

9	1	7	3	5	8	4	6	2
2	8	5	9	4	6	3	7	1
6	3	4	1	7	2	5	8	9
1	4	6	8	9	3	2	5	7
8	5	2	4	1	7	9	3	6
3	7	9	2	6	5	1	4	8
5	9	1	7	8	4	6	2	3
4	2	8	6	3	1	7	9	5
7	6	3	5	2	9	8	1	4

73

9	1	7	4	6	5	3	2	8
3	4	2	7	8	1	5	6	9
6	5	8	3	9	2	7	1	4
7	9	1	6	5	4	8	3	2
8	2	3	9	1	7	4	5	6
5	6	4	2	3	8	1	9	7
2	7	5	1	4	6	9	8	3
4	8	9	5	2	3	6	7	1
1	3	6	8	7	9	2	4	5

74

5	9	2	6	8	1	4	3	7
7	6	1	3	4	2	5	9	8
4	8	3	7	9	5	2	6	1
3	5	9	1	7	8	6	2	4
6	2	7	4	3	9	8	1	5
1	4	8	2	5	6	3	7	9
8	7	6	9	2	4	1	5	3
9	1	5	8	6	3	7	4	2
2	3	4	5	1	7	9	8	6

75

9	2	6	3	8	1	4	7	5
4	1	7	5	9	6	8	3	2
8	3	5	2	7	4	6	1	9
7	6	2	9	1	5	3	8	4
5	9	8	6	4	3	7	2	1
1	4	3	8	2	7	5	9	6
6	8	4	1	3	9	2	5	7
2	7	9	4	5	8	1	6	3
3	5	1	7	6	2	9	4	8

76

7	4	9	6	2	8	1	5	3
2	5	1	4	7	3	9	8	6
6	3	8	9	1	5	7	2	4
4	8	2	7	5	1	3	6	9
3	1	6	8	4	9	2	7	5
5	9	7	3	6	2	8	4	1
9	7	3	5	8	4	6	1	2
1	6	5	2	9	7	4	3	8
8	2	4	1	3	6	5	9	7

77

2	1	3	9	4	7	6	8	5
5	6	4	2	8	3	1	9	7
7	9	8	5	6	1	2	4	3
1	7	6	3	2	9	4	5	8
4	2	5	6	7	8	3	1	9
8	3	9	1	5	4	7	2	6
9	5	2	7	1	6	8	3	4
6	8	1	4	3	5	9	7	2
3	4	7	8	9	2	5	6	1

78

9	6	1	4	3	8	5	7	2
2	4	8	5	6	7	3	1	9
5	3	7	1	9	2	8	6	4
7	5	9	2	1	3	4	8	6
3	8	6	9	5	4	1	2	7
1	2	4	7	8	6	9	5	3
4	1	5	6	2	9	7	3	8
8	7	2	3	4	1	6	9	5
6	9	3	8	7	5	2	4	1

79

6	4	2	1	3	9	5	8	7
8	1	5	7	2	4	6	3	9
3	7	9	8	5	6	1	4	2
1	9	3	4	7	2	8	5	6
5	2	6	9	1	8	4	7	3
4	8	7	3	6	5	2	9	1
9	6	4	2	8	7	3	1	5
7	5	1	6	4	3	9	2	8
2	3	8	5	9	1	7	6	4

80

5	4	9	7	3	2	6	1	8
7	6	3	1	5	8	9	2	4
1	2	8	9	4	6	3	7	5
4	5	2	3	6	1	7	8	9
3	1	6	8	9	7	5	4	2
8	9	7	5	2	4	1	6	3
6	3	1	2	8	5	4	9	7
9	8	4	6	7	3	2	5	1
2	7	5	4	1	9	8	3	6

81

5	2	1	9	4	8	3	6	7
7	4	9	3	6	2	1	8	5
8	6	3	1	5	7	9	2	4
2	1	4	7	8	5	6	9	3
6	3	7	2	9	4	5	1	8
9	8	5	6	1	3	7	4	2
1	5	2	8	3	6	4	7	9
3	9	8	4	7	1	2	5	6
4	7	6	5	2	9	8	3	1

82

9	8	2	1	3	7	6	4	5
3	4	5	9	6	2	7	1	8
1	7	6	8	5	4	2	9	3
5	6	8	4	9	3	1	7	2
7	2	9	6	8	1	5	3	4
4	3	1	2	7	5	8	6	9
6	5	7	3	2	9	4	8	1
8	9	4	5	1	6	3	2	7
2	1	3	7	4	8	9	5	6

83

7	4	5	1	8	9	2	6	3
2	8	6	7	3	4	5	1	9
9	3	1	6	2	5	7	8	4
1	7	2	3	5	8	9	4	6
4	6	9	2	1	7	8	3	5
3	5	8	9	4	6	1	7	2
8	2	7	4	9	3	6	5	1
5	9	3	8	6	1	4	2	7
6	1	4	5	7	2	3	9	8

84

5	9	7	8	1	3	2	4	6
1	6	4	7	9	2	3	8	5
8	2	3	5	4	6	7	9	1
9	8	1	4	2	7	6	5	3
6	7	2	3	5	8	9	1	4
4	3	5	1	6	9	8	2	7
3	4	9	6	8	1	5	7	2
2	5	6	9	7	4	1	3	8
7	1	8	2	3	5	4	6	9

85

1	7	2	5	4	3	6	9	8
6	5	9	2	8	1	4	3	7
8	4	3	9	6	7	2	5	1
2	6	7	1	5	9	8	4	3
9	8	5	7	3	4	1	2	6
3	1	4	8	2	6	9	7	5
5	9	6	3	1	2	7	8	4
4	2	8	6	7	5	3	1	9
7	3	1	4	9	8	5	6	2

86

4	3	9	1	6	2	5	7	8
6	8	7	5	4	9	2	3	1
5	2	1	7	3	8	4	6	9
2	5	6	8	1	7	3	9	4
7	9	3	6	2	4	1	8	5
1	4	8	9	5	3	6	2	7
9	1	2	4	8	6	7	5	3
3	7	5	2	9	1	8	4	6
8	6	4	3	7	5	9	1	2

87

4	3	2	7	6	1	5	8	9
8	1	6	5	2	9	3	4	7
5	7	9	8	3	4	1	2	6
1	9	8	3	4	5	6	7	2
3	2	4	6	8	7	9	1	5
6	5	7	9	1	2	8	3	4
7	4	3	1	5	6	2	9	8
2	8	5	4	9	3	7	6	1
9	6	1	2	7	8	4	5	3

88

3	9	5	1	8	2	7	6	4
4	6	7	9	5	3	8	2	1
8	1	2	7	6	4	9	5	3
1	7	4	6	3	9	2	8	5
6	5	3	2	1	8	4	7	9
9	2	8	4	7	5	1	3	6
7	8	1	3	9	6	5	4	2
5	4	6	8	2	1	3	9	7
2	3	9	5	4	7	6	1	8

89

8	3	2	4	7	6	9	5	1
6	7	1	3	9	5	2	4	8
5	4	9	1	2	8	7	6	3
7	6	5	2	8	9	1	3	4
4	9	3	6	1	7	5	8	2
1	2	8	5	3	4	6	7	9
2	1	7	8	5	3	4	9	6
9	8	4	7	6	2	3	1	5
3	5	6	9	4	1	8	2	7

90

1	9	7	5	8	4	2	6	3
8	6	2	7	1	3	4	9	5
4	5	3	6	9	2	1	8	7
9	1	8	4	5	6	7	3	2
3	4	5	8	2	7	9	1	6
7	2	6	1	3	9	8	5	4
6	3	1	2	4	8	5	7	9
5	7	4	9	6	1	3	2	8
2	8	9	3	7	5	6	4	1

91

1	8	2	3	6	5	9	7	4
4	3	6	1	9	7	5	2	8
9	5	7	4	8	2	1	3	6
7	1	4	8	5	3	6	9	2
8	2	9	6	7	1	4	5	3
3	6	5	9	2	4	8	1	7
6	9	1	7	3	8	2	4	5
5	7	8	2	4	9	3	6	1
2	4	3	5	1	6	7	8	9

92

1	4	5	6	8	7	3	9	2
6	9	2	4	3	1	8	7	5
7	3	8	2	9	5	4	6	1
3	2	7	8	1	9	6	5	4
4	8	6	7	5	2	1	3	9
5	1	9	3	4	6	2	8	7
2	6	4	9	7	8	5	1	3
9	5	3	1	6	4	7	2	8
8	7	1	5	2	3	9	4	6

93

2	3	4	5	7	6	8	1	9
1	6	8	2	9	4	3	7	5
7	9	5	8	3	1	6	2	4
9	7	2	6	8	3	4	5	1
5	8	6	4	1	7	9	3	2
3	4	1	9	5	2	7	6	8
4	5	7	3	2	9	1	8	6
6	2	3	1	4	8	5	9	7
8	1	9	7	6	5	2	4	3

94

2	8	1	4	9	5	3	7	6
3	6	9	7	2	8	4	1	5
7	5	4	6	3	1	9	8	2
6	7	3	2	1	4	5	9	8
8	4	5	9	7	3	2	6	1
1	9	2	5	8	6	7	4	3
9	3	6	8	4	2	1	5	7
4	2	8	1	5	7	6	3	9
5	1	7	3	6	9	8	2	4

95

9	7	8	3	2	4	5	6	1
3	2	6	5	1	9	7	4	8
5	1	4	7	8	6	3	2	9
2	5	1	4	7	3	8	9	6
4	8	7	9	6	2	1	5	3
6	3	9	1	5	8	4	7	2
8	4	2	6	3	5	9	1	7
1	6	5	8	9	7	2	3	4
7	9	3	2	4	1	6	8	5

96

3	1	8	4	9	2	6	7	5
7	5	6	1	8	3	2	9	4
4	9	2	5	6	7	1	3	8
8	2	7	6	4	5	3	1	9
1	3	9	2	7	8	5	4	6
5	6	4	9	3	1	8	2	7
2	8	5	7	1	4	9	6	3
9	4	3	8	2	6	7	5	1
6	7	1	3	5	9	4	8	2

97

8	5	2	1	7	6	3	9	4
1	3	7	9	8	4	2	5	6
9	4	6	3	5	2	7	8	1
4	7	8	5	2	9	1	6	3
3	6	9	4	1	7	5	2	8
5	2	1	6	3	8	4	7	9
7	8	4	2	6	3	9	1	5
6	9	5	7	4	1	8	3	2
2	1	3	8	9	5	6	4	7

98

3	4	9	1	6	2	8	7	5
2	7	5	3	8	9	4	6	1
8	1	6	5	4	7	2	3	9
7	9	4	6	2	3	5	1	8
6	3	2	8	5	1	7	9	4
5	8	1	7	9	4	3	2	6
9	2	7	4	1	8	6	5	3
4	6	3	9	7	5	1	8	2
1	5	8	2	3	6	9	4	7

99

9	4	8	5	1	2	6	3	7
1	5	6	3	7	8	2	9	4
2	3	7	9	6	4	8	1	5
8	1	3	2	4	7	5	6	9
6	9	4	8	5	3	7	2	1
5	7	2	1	9	6	3	4	8
4	2	9	6	8	5	1	7	3
7	6	5	4	3	1	9	8	2
3	8	1	7	2	9	4	5	6

100

9	1	5	7	3	2	8	6	4
8	7	6	1	5	4	3	9	2
3	2	4	8	6	9	7	1	5
4	6	7	9	2	1	5	8	3
5	9	3	6	8	7	4	2	1
2	8	1	5	4	3	9	7	6
1	5	9	3	7	6	2	4	8
6	3	2	4	9	8	1	5	7
7	4	8	2	1	5	6	3	9

101

4	7	5	6	1	3	8	9	2
2	9	3	8	7	5	1	6	4
1	6	8	4	9	2	7	3	5
6	8	4	1	2	7	3	5	9
7	5	1	9	3	4	6	2	8
3	2	9	5	8	6	4	7	1
5	3	6	2	4	8	9	1	7
8	1	7	3	5	9	2	4	6
9	4	2	7	6	1	5	8	3

102

4	9	5	7	2	3	1	6	8
7	3	1	6	4	8	5	9	2
2	6	8	1	5	9	3	7	4
9	1	2	3	6	4	8	5	7
8	5	3	9	7	2	6	4	1
6	4	7	8	1	5	9	2	3
1	2	9	5	8	7	4	3	6
3	7	6	4	9	1	2	8	5
5	8	4	2	3	6	7	1	9

103

2	4	7	3	5	6	8	9	1
6	8	3	2	1	9	4	5	7
9	1	5	8	4	7	2	6	3
1	5	8	4	6	2	7	3	9
3	2	9	1	7	8	5	4	6
4	7	6	9	3	5	1	2	8
7	3	1	5	9	4	6	8	2
5	9	2	6	8	1	3	7	4
8	6	4	7	2	3	9	1	5

104

6	5	1	9	4	2	3	8	7
4	9	8	7	1	3	2	6	5
7	2	3	8	5	6	4	9	1
5	1	7	6	9	4	8	3	2
3	4	6	5	2	8	7	1	9
2	8	9	1	3	7	6	5	4
1	7	4	3	8	9	5	2	6
8	6	5	2	7	1	9	4	3
9	3	2	4	6	5	1	7	8

105

2	5	1	8	3	4	9	6	7
4	6	8	2	7	9	5	1	3
9	7	3	6	1	5	8	2	4
8	4	2	5	6	1	7	3	9
3	9	6	7	4	8	1	5	2
5	1	7	9	2	3	6	4	8
7	3	5	1	9	2	4	8	6
6	8	4	3	5	7	2	9	1
1	2	9	4	8	6	3	7	5

106

7	3	6	2	1	9	5	8	4
2	5	9	8	6	4	7	1	3
8	4	1	5	7	3	9	2	6
4	2	3	1	5	8	6	9	7
1	8	7	9	4	6	2	3	5
9	6	5	3	2	7	1	4	8
5	1	4	7	8	2	3	6	9
6	9	2	4	3	5	8	7	1
3	7	8	6	9	1	4	5	2

107

3	7	4	6	9	8	5	1	2
8	2	9	4	1	5	6	3	7
5	6	1	7	2	3	4	9	8
2	8	3	9	5	6	1	7	4
7	9	6	1	4	2	3	8	5
4	1	5	3	8	7	9	2	6
1	4	8	5	7	9	2	6	3
6	5	2	8	3	1	7	4	9
9	3	7	2	6	4	8	5	1

108

2	4	6	1	7	8	3	9	5
7	5	1	3	2	9	4	8	6
9	8	3	6	5	4	2	1	7
1	2	4	7	3	5	9	6	8
3	6	5	9	8	2	7	4	1
8	9	7	4	6	1	5	2	3
5	7	8	2	9	6	1	3	4
4	3	9	8	1	7	6	5	2
6	1	2	5	4	3	8	7	9

109

4	7	8	3	1	6	5	2	9
5	2	1	4	9	8	6	7	3
3	6	9	7	2	5	1	4	8
8	1	4	9	5	7	3	6	2
2	5	3	6	4	1	9	8	7
6	9	7	2	8	3	4	5	1
9	4	6	8	3	2	7	1	5
1	3	2	5	7	4	8	9	6
7	8	5	1	6	9	2	3	4

110

6	7	3	4	5	2	9	8	1
9	8	2	6	1	3	7	4	5
5	1	4	9	7	8	6	2	3
1	5	8	7	2	9	3	6	4
3	2	6	5	8	4	1	9	7
4	9	7	3	6	1	2	5	8
7	4	5	2	3	6	8	1	9
8	6	9	1	4	7	5	3	2
2	3	1	8	9	5	4	7	6

111

6	1	2	3	7	4	5	8	9
7	4	5	2	8	9	1	3	6
3	8	9	5	1	6	4	2	7
5	3	8	7	9	1	2	6	4
4	2	6	8	5	3	9	7	1
1	9	7	4	6	2	8	5	3
8	5	3	1	4	7	6	9	2
2	6	4	9	3	5	7	1	8
9	7	1	6	2	8	3	4	5

112

9	3	6	2	7	4	5	8	1
1	7	5	3	8	6	4	9	2
8	2	4	9	5	1	3	7	6
7	1	3	6	4	9	2	5	8
5	4	8	1	2	7	9	6	3
6	9	2	8	3	5	1	4	7
4	6	1	7	9	2	8	3	5
2	8	9	5	6	3	7	1	4
3	5	7	4	1	8	6	2	9

113

6	8	9	5	7	1	3	4	2
4	5	2	6	8	3	1	7	9
1	7	3	4	9	2	6	8	5
7	6	8	2	1	9	5	3	4
2	9	4	3	5	6	8	1	7
5	3	1	7	4	8	2	9	6
9	1	7	8	2	5	4	6	3
8	2	6	9	3	4	7	5	1
3	4	5	1	6	7	9	2	8

114

7	5	4	8	2	9	1	6	3
1	8	9	5	6	3	7	4	2
3	6	2	1	7	4	5	9	8
6	7	3	2	4	1	9	8	5
9	2	5	6	8	7	4	3	1
8	4	1	9	3	5	6	2	7
2	9	7	4	1	8	3	5	6
4	1	8	3	5	6	2	7	9
5	3	6	7	9	2	8	1	4

115

8	3	6	7	9	4	5	2	1
5	4	9	8	2	1	7	3	6
2	7	1	5	6	3	4	9	8
6	1	7	3	4	2	8	5	9
4	2	3	9	8	5	1	6	7
9	5	8	1	7	6	3	4	2
3	9	5	6	1	7	2	8	4
1	6	4	2	5	8	9	7	3
7	8	2	4	3	9	6	1	5

116

2	5	4	7	1	8	6	3	9
9	3	1	6	5	2	4	8	7
6	7	8	9	3	4	2	1	5
5	9	2	1	4	3	7	6	8
4	1	7	8	2	6	9	5	3
3	8	6	5	9	7	1	2	4
7	2	3	4	8	1	5	9	6
1	6	5	3	7	9	8	4	2
8	4	9	2	6	5	3	7	1

117

8	4	3	5	2	9	6	1	7
9	2	6	8	7	1	4	5	3
1	5	7	3	4	6	9	2	8
4	3	8	1	5	2	7	6	9
7	1	5	6	9	4	8	3	2
6	9	2	7	8	3	1	4	5
2	7	9	4	1	5	3	8	6
5	6	4	9	3	8	2	7	1
3	8	1	2	6	7	5	9	4

118

5	9	2	7	1	6	8	4	3
6	7	8	5	3	4	2	1	9
1	3	4	8	9	2	7	6	5
2	5	6	3	7	8	4	9	1
3	1	7	4	2	9	5	8	6
4	8	9	6	5	1	3	2	7
9	4	5	2	6	3	1	7	8
7	2	1	9	8	5	6	3	4
8	6	3	1	4	7	9	5	2

119

9	7	1	8	3	4	5	6	2
5	4	8	6	2	9	3	1	7
2	3	6	1	7	5	8	4	9
7	8	9	5	4	6	1	2	3
4	1	2	3	8	7	9	5	6
6	5	3	2	9	1	4	7	8
3	2	7	4	1	8	6	9	5
1	9	5	7	6	3	2	8	4
8	6	4	9	5	2	7	3	1

120

1	7	9	3	2	6	5	4	8
5	6	2	8	4	9	3	7	1
8	4	3	7	5	1	6	9	2
6	2	1	9	3	4	7	8	5
3	8	4	5	1	7	9	2	6
7	9	5	2	6	8	4	1	3
2	1	6	4	7	5	8	3	9
4	3	8	6	9	2	1	5	7
9	5	7	1	8	3	2	6	4

121

8	5	6	2	9	3	7	4	1
4	9	2	1	5	7	6	8	3
7	3	1	6	8	4	9	2	5
2	7	9	3	1	5	4	6	8
1	4	8	9	7	6	5	3	2
3	6	5	4	2	8	1	9	7
5	2	3	7	6	9	8	1	4
9	8	4	5	3	1	2	7	6
6	1	7	8	4	2	3	5	9

122

9	4	1	3	5	6	2	7	8
2	7	8	9	1	4	3	5	6
6	5	3	7	2	8	4	9	1
3	2	9	5	4	1	8	6	7
5	8	7	2	6	9	1	4	3
1	6	4	8	7	3	5	2	9
4	3	2	6	8	7	9	1	5
8	1	6	4	9	5	7	3	2
7	9	5	1	3	2	6	8	4

123

2	8	6	3	4	9	1	5	7
3	9	4	1	5	7	8	6	2
7	1	5	8	2	6	4	3	9
6	7	1	5	8	2	3	9	4
4	3	8	7	9	1	5	2	6
5	2	9	6	3	4	7	8	1
9	4	3	2	7	5	6	1	8
8	6	7	9	1	3	2	4	5
1	5	2	4	6	8	9	7	3

124

6	5	9	3	1	4	7	8	2
7	4	1	9	2	8	5	6	3
3	2	8	6	5	7	4	1	9
8	1	4	5	6	2	9	3	7
2	9	3	7	8	1	6	5	4
5	6	7	4	3	9	8	2	1
4	3	2	8	9	6	1	7	5
1	7	6	2	4	5	3	9	8
9	8	5	1	7	3	2	4	6

125

8	4	9	3	5	7	1	6	2
6	7	1	2	9	8	5	3	4
2	3	5	4	6	1	7	8	9
1	2	4	7	8	6	3	9	5
3	6	7	9	4	5	8	2	1
5	9	8	1	2	3	4	7	6
9	1	3	5	7	2	6	4	8
7	8	2	6	1	4	9	5	3
4	5	6	8	3	9	2	1	7

126

1	4	7	6	3	5	2	8	9
5	3	8	9	2	7	1	4	6
6	9	2	1	8	4	7	3	5
7	6	3	2	9	1	8	5	4
9	2	1	4	5	8	3	6	7
8	5	4	7	6	3	9	1	2
3	7	5	8	4	9	6	2	1
4	1	6	3	7	2	5	9	8
2	8	9	5	1	6	4	7	3

127

4	5	1	6	9	8	7	3	2
6	9	3	4	7	2	1	8	5
8	7	2	5	1	3	6	4	9
2	8	5	1	3	9	4	6	7
3	6	4	2	5	7	9	1	8
9	1	7	8	4	6	5	2	3
1	4	8	7	2	5	3	9	6
7	3	6	9	8	1	2	5	4
5	2	9	3	6	4	8	7	1

128

3	7	2	1	6	9	5	8	4
4	1	5	7	3	8	2	9	6
9	6	8	4	2	5	1	7	3
6	5	3	2	4	7	8	1	9
1	9	4	8	5	6	3	2	7
8	2	7	9	1	3	4	6	5
2	4	6	5	7	1	9	3	8
7	8	1	3	9	4	6	5	2
5	3	9	6	8	2	7	4	1

129

5	6	9	3	4	8	7	2	1
4	2	7	5	6	1	3	9	8
1	3	8	2	7	9	6	5	4
2	9	3	7	8	5	4	1	6
6	7	5	1	3	4	2	8	9
8	1	4	9	2	6	5	7	3
3	5	6	8	1	7	9	4	2
9	8	2	4	5	3	1	6	7
7	4	1	6	9	2	8	3	5

130

5	6	9	2	3	8	1	7	4
2	7	1	5	6	4	3	9	8
8	3	4	7	9	1	6	2	5
3	8	7	1	4	6	2	5	9
9	5	2	8	7	3	4	1	6
1	4	6	9	2	5	7	8	3
7	1	3	4	5	9	8	6	2
6	2	5	3	8	7	9	4	1
4	9	8	6	1	2	5	3	7

131

9	4	8	3	2	1	7	5	6
2	1	7	4	5	6	3	9	8
3	6	5	8	7	9	1	4	2
4	3	6	7	1	2	5	8	9
7	2	9	5	6	8	4	1	3
5	8	1	9	3	4	6	2	7
8	7	3	2	4	5	9	6	1
1	9	4	6	8	3	2	7	5
6	5	2	1	9	7	8	3	4

132

4	1	3	5	9	2	7	6	8
5	9	8	7	6	3	1	4	2
7	6	2	8	4	1	9	5	3
1	7	5	4	2	8	3	9	6
8	3	6	9	5	7	4	2	1
9	2	4	1	3	6	8	7	5
6	4	9	3	8	5	2	1	7
2	8	1	6	7	4	5	3	9
3	5	7	2	1	9	6	8	4

133

6	7	5	2	8	1	9	3	4
9	1	4	3	7	6	8	2	5
2	3	8	9	5	4	7	1	6
3	6	9	5	1	2	4	8	7
4	8	1	6	3	7	5	9	2
7	5	2	8	4	9	1	6	3
8	2	6	4	9	5	3	7	1
5	9	7	1	6	3	2	4	8
1	4	3	7	2	8	6	5	9

134

5	3	6	9	4	8	1	2	7
2	8	4	7	5	1	3	6	9
7	9	1	3	6	2	4	5	8
3	7	5	8	2	9	6	1	4
1	6	9	4	7	5	2	8	3
4	2	8	6	1	3	7	9	5
9	4	2	1	8	7	5	3	6
6	5	3	2	9	4	8	7	1
8	1	7	5	3	6	9	4	2

135

9	7	5	2	1	8	6	3	4
4	1	6	3	7	5	9	2	8
2	3	8	6	4	9	7	1	5
8	2	7	5	9	6	1	4	3
3	5	1	4	2	7	8	6	9
6	9	4	8	3	1	2	5	7
7	6	9	1	5	3	4	8	2
5	8	2	7	6	4	3	9	1
1	4	3	9	8	2	5	7	6

136

6	4	5	8	2	7	3	9	1
2	8	1	5	9	3	4	7	6
7	9	3	4	6	1	8	2	5
5	2	9	1	8	4	7	6	3
4	1	6	3	7	9	5	8	2
3	7	8	2	5	6	9	1	4
9	3	2	7	1	5	6	4	8
8	5	7	6	4	2	1	3	9
1	6	4	9	3	8	2	5	7

137

3	5	7	1	8	9	2	6	4
6	4	2	3	7	5	9	8	1
1	9	8	4	2	6	5	3	7
2	7	6	5	4	1	8	9	3
4	1	9	2	3	8	6	7	5
5	8	3	9	6	7	1	4	2
9	3	4	6	1	2	7	5	8
8	6	1	7	5	4	3	2	9
7	2	5	8	9	3	4	1	6

138

6	1	4	5	9	7	8	3	2
7	8	5	2	6	3	1	4	9
9	2	3	4	8	1	5	6	7
5	6	9	7	3	2	4	1	8
8	4	1	9	5	6	7	2	3
2	3	7	1	4	8	9	5	6
4	5	2	6	7	9	3	8	1
3	9	6	8	1	4	2	7	5
1	7	8	3	2	5	6	9	4

139

9	8	4	2	3	5	7	6	1
7	3	2	1	8	6	5	9	4
1	6	5	9	4	7	8	3	2
8	4	1	3	7	2	9	5	6
2	5	3	6	9	8	4	1	7
6	9	7	4	5	1	2	8	3
4	2	9	8	1	3	6	7	5
5	1	6	7	2	9	3	4	8
3	7	8	5	6	4	1	2	9

140

4	6	8	7	5	9	2	1	3
2	1	7	6	3	8	5	9	4
9	5	3	2	4	1	6	8	7
6	2	5	1	7	3	9	4	8
8	7	1	9	6	4	3	2	5
3	9	4	8	2	5	1	7	6
5	8	2	3	9	7	4	6	1
1	3	6	4	8	2	7	5	9
7	4	9	5	1	6	8	3	2

141

5	3	2	8	7	1	9	6	4
1	9	4	2	5	6	3	7	8
6	7	8	4	9	3	1	5	2
9	4	3	5	1	2	7	8	6
7	1	5	9	6	8	2	4	3
2	8	6	3	4	7	5	1	9
3	6	7	1	8	9	4	2	5
8	5	9	7	2	4	6	3	1
4	2	1	6	3	5	8	9	7

142

3	7	9	8	1	4	2	5	6
6	5	1	2	9	3	4	7	8
2	8	4	5	6	7	9	3	1
8	9	5	4	7	6	1	2	3
4	2	3	9	5	1	6	8	7
7	1	6	3	2	8	5	4	9
9	3	7	1	4	2	8	6	5
5	4	8	6	3	9	7	1	2
1	6	2	7	8	5	3	9	4

143

8	2	9	3	1	6	5	7	4
1	5	7	4	9	8	2	3	6
3	6	4	2	7	5	1	8	9
4	8	2	1	5	9	7	6	3
9	3	5	7	6	4	8	2	1
7	1	6	8	3	2	9	4	5
2	7	3	9	4	1	6	5	8
5	9	8	6	2	3	4	1	7
6	4	1	5	8	7	3	9	2

144

3	1	6	8	2	9	4	7	5
5	9	8	4	7	6	1	2	3
7	4	2	5	3	1	8	9	6
4	2	3	9	5	8	7	6	1
9	6	1	3	4	7	5	8	2
8	5	7	1	6	2	9	3	4
1	8	4	2	9	3	6	5	7
6	3	5	7	8	4	2	1	9
2	7	9	6	1	5	3	4	8

145

7	5	3	4	9	2	8	1	6
8	2	9	5	1	6	7	4	3
4	1	6	3	8	7	9	2	5
6	4	5	9	3	8	2	7	1
1	9	7	2	6	4	5	3	8
3	8	2	7	5	1	4	6	9
2	6	1	8	4	5	3	9	7
5	3	4	6	7	9	1	8	2
9	7	8	1	2	3	6	5	4

146

4	8	2	7	3	6	5	9	1
5	3	7	1	2	9	8	4	6
6	9	1	8	4	5	3	7	2
8	2	9	6	7	3	4	1	5
7	6	3	4	5	1	2	8	9
1	4	5	9	8	2	7	6	3
9	5	8	3	1	4	6	2	7
3	7	6	2	9	8	1	5	4
2	1	4	5	6	7	9	3	8

147

8	6	9	1	5	7	2	3	4
7	4	2	3	8	9	5	1	6
5	3	1	2	4	6	8	7	9
1	8	5	7	3	4	6	9	2
9	7	3	5	6	2	4	8	1
6	2	4	8	9	1	3	5	7
3	9	7	4	2	8	1	6	5
4	1	8	6	7	5	9	2	3
2	5	6	9	1	3	7	4	8

148

5	9	1	3	8	4	6	7	2
4	6	7	1	2	5	8	9	3
3	2	8	6	9	7	4	1	5
2	1	4	5	7	3	9	6	8
9	5	6	8	4	1	2	3	7
8	7	3	9	6	2	5	4	1
1	3	9	4	5	8	7	2	6
6	8	2	7	1	9	3	5	4
7	4	5	2	3	6	1	8	9

149

4	3	1	5	8	2	7	6	9
6	5	8	7	4	9	3	2	1
9	2	7	6	1	3	5	4	8
5	7	6	3	9	8	2	1	4
1	8	2	4	7	5	6	9	3
3	9	4	2	6	1	8	7	5
8	6	5	9	2	4	1	3	7
2	1	9	8	3	7	4	5	6
7	4	3	1	5	6	9	8	2

150

1	8	7	3	2	9	5	4	6
2	6	9	5	4	7	8	1	3
5	4	3	8	6	1	2	7	9
9	5	4	2	7	3	6	8	1
6	2	8	1	9	4	3	5	7
3	7	1	6	8	5	9	2	4
8	3	6	7	1	2	4	9	5
4	1	5	9	3	8	7	6	2
7	9	2	4	5	6	1	3	8

151

2	7	6	3	5	4	1	9	8
9	3	5	7	8	1	6	4	2
1	8	4	6	9	2	7	3	5
6	4	9	5	2	3	8	7	1
8	5	3	1	6	7	4	2	9
7	2	1	9	4	8	5	6	3
5	6	2	8	7	9	3	1	4
4	1	8	2	3	6	9	5	7
3	9	7	4	1	5	2	8	6

152

6	5	1	9	8	2	7	4	3
4	2	8	3	6	7	1	9	5
7	3	9	4	5	1	2	6	8
5	9	7	8	3	6	4	1	2
2	4	3	1	7	9	8	5	6
8	1	6	2	4	5	9	3	7
3	6	2	7	1	4	5	8	9
9	8	4	5	2	3	6	7	1
1	7	5	6	9	8	3	2	4

153

7	4	2	9	3	5	6	8	1
5	1	6	8	4	7	2	3	9
8	9	3	6	1	2	4	5	7
2	6	1	3	7	9	8	4	5
3	5	4	1	2	8	9	7	6
9	7	8	4	5	6	1	2	3
4	8	5	7	9	1	3	6	2
6	2	9	5	8	3	7	1	4
1	3	7	2	6	4	5	9	8

154

7	3	9	6	2	5	1	4	8
2	6	5	4	1	8	3	7	9
4	8	1	9	7	3	6	5	2
1	4	3	8	6	7	9	2	5
8	2	6	5	4	9	7	3	1
5	9	7	2	3	1	8	6	4
3	7	2	1	8	4	5	9	6
6	5	8	3	9	2	4	1	7
9	1	4	7	5	6	2	8	3

155

4	2	5	3	1	6	8	9	7
3	9	6	2	7	8	4	1	5
1	7	8	9	5	4	2	6	3
7	3	9	4	8	2	6	5	1
2	5	4	7	6	1	3	8	9
8	6	1	5	3	9	7	4	2
5	1	2	6	4	3	9	7	8
6	8	3	1	9	7	5	2	4
9	4	7	8	2	5	1	3	6

156

6	1	5	8	4	7	9	3	2
3	2	7	5	6	9	1	4	8
9	4	8	3	2	1	6	5	7
1	9	4	7	3	2	8	6	5
8	6	2	9	5	4	3	7	1
5	7	3	1	8	6	2	9	4
7	5	1	6	9	8	4	2	3
4	8	6	2	7	3	5	1	9
2	3	9	4	1	5	7	8	6

157

3	2	5	1	4	7	6	9	8
8	6	7	9	2	5	4	3	1
4	1	9	8	6	3	7	5	2
7	5	3	4	1	8	9	2	6
2	4	6	5	3	9	8	1	7
9	8	1	6	7	2	3	4	5
1	7	8	2	9	4	5	6	3
6	3	4	7	5	1	2	8	9
5	9	2	3	8	6	1	7	4

158

9	4	2	3	8	1	5	7	6
3	8	7	6	5	9	4	1	2
6	1	5	2	7	4	8	9	3
7	5	4	9	3	2	6	8	1
8	3	6	4	1	7	2	5	9
1	2	9	8	6	5	3	4	7
2	9	1	5	4	3	7	6	8
4	7	8	1	2	6	9	3	5
5	6	3	7	9	8	1	2	4

159

5	4	2	9	1	3	7	8	6
6	8	7	4	5	2	1	3	9
3	1	9	6	8	7	5	2	4
2	6	5	1	3	9	4	7	8
4	7	8	5	2	6	9	1	3
9	3	1	8	7	4	2	6	5
1	2	6	3	9	5	8	4	7
8	5	3	7	4	1	6	9	2
7	9	4	2	6	8	3	5	1

160

2	7	4	8	6	9	5	3	1
6	3	5	7	4	1	8	9	2
8	1	9	2	5	3	4	6	7
5	4	8	6	1	2	3	7	9
3	9	2	5	7	4	1	8	6
1	6	7	9	3	8	2	5	4
9	5	3	4	2	7	6	1	8
7	2	6	1	8	5	9	4	3
4	8	1	3	9	6	7	2	5

161

9	3	4	7	2	1	6	8	5
8	6	5	4	9	3	2	1	7
1	2	7	6	8	5	3	4	9
7	5	1	3	6	8	9	2	4
6	4	2	5	7	9	1	3	8
3	9	8	2	1	4	7	5	6
4	8	9	1	3	7	5	6	2
5	1	6	9	4	2	8	7	3
2	7	3	8	5	6	4	9	1

162

5	1	7	4	3	2	8	6	9
3	9	6	5	7	8	2	1	4
8	4	2	1	6	9	3	5	7
7	6	3	2	4	5	9	8	1
1	2	9	6	8	3	7	4	5
4	8	5	9	1	7	6	2	3
2	3	4	8	9	1	5	7	6
9	5	1	7	2	6	4	3	8
6	7	8	3	5	4	1	9	2

163

1	3	5	9	6	7	8	2	4
9	6	8	5	2	4	3	1	7
7	4	2	8	3	1	9	5	6
3	2	1	6	9	5	4	7	8
6	5	9	4	7	8	2	3	1
4	8	7	3	1	2	5	6	9
5	1	6	2	8	9	7	4	3
2	9	3	7	4	6	1	8	5
8	7	4	1	5	3	6	9	2

164

5	3	1	2	8	4	6	7	9
7	8	6	3	5	9	1	4	2
9	2	4	7	1	6	3	5	8
3	7	9	5	2	8	4	1	6
1	5	2	6	4	7	9	8	3
6	4	8	1	9	3	7	2	5
2	6	5	4	3	1	8	9	7
8	1	3	9	7	2	5	6	4
4	9	7	8	6	5	2	3	1

165

4	8	9	7	1	6	3	5	2
3	5	1	9	2	4	6	8	7
6	2	7	3	5	8	9	4	1
5	6	2	4	7	1	8	3	9
7	4	8	6	3	9	2	1	5
1	9	3	2	8	5	4	7	6
2	3	4	1	6	7	5	9	8
9	7	5	8	4	2	1	6	3
8	1	6	5	9	3	7	2	4

166

8	1	7	6	9	2	4	5	3
2	5	3	4	1	8	7	6	9
6	9	4	3	7	5	1	8	2
9	7	6	8	5	3	2	4	1
1	2	5	7	4	6	9	3	8
4	3	8	1	2	9	5	7	6
5	8	1	9	6	7	3	2	4
3	4	2	5	8	1	6	9	7
7	6	9	2	3	4	8	1	5

167

8	1	7	3	4	6	9	2	5
4	9	5	1	2	7	6	8	3
6	2	3	9	8	5	4	1	7
3	8	2	7	1	4	5	6	9
7	6	9	5	3	2	8	4	1
5	4	1	8	6	9	7	3	2
1	7	4	6	9	3	2	5	8
2	5	8	4	7	1	3	9	6
9	3	6	2	5	8	1	7	4

168

3	2	4	6	1	5	9	8	7
9	1	5	8	7	2	4	6	3
6	8	7	4	3	9	1	2	5
1	6	3	9	4	7	8	5	2
7	4	2	5	6	8	3	1	9
5	9	8	3	2	1	7	4	6
8	7	6	2	9	4	5	3	1
2	5	9	1	8	3	6	7	4
4	3	1	7	5	6	2	9	8

169

5	3	1	8	4	6	2	9	7
2	4	8	9	1	7	5	6	3
7	9	6	3	2	5	8	1	4
8	1	9	4	7	2	6	3	5
4	6	2	5	9	3	7	8	1
3	7	5	6	8	1	4	2	9
9	2	3	7	5	8	1	4	6
1	5	4	2	6	9	3	7	8
6	8	7	1	3	4	9	5	2

170

2	7	4	1	9	5	3	8	6
3	1	5	6	8	2	9	7	4
6	8	9	4	7	3	1	5	2
8	9	2	5	4	7	6	1	3
4	6	7	3	1	9	8	2	5
1	5	3	2	6	8	4	9	7
5	2	8	9	3	4	7	6	1
9	3	6	7	5	1	2	4	8
7	4	1	8	2	6	5	3	9

171

9	1	8	2	7	3	5	6	4
5	4	7	1	8	6	3	2	9
3	2	6	4	9	5	1	8	7
2	7	5	3	1	9	6	4	8
8	3	9	6	4	2	7	5	1
1	6	4	7	5	8	2	9	3
4	5	3	8	6	1	9	7	2
6	8	1	9	2	7	4	3	5
7	9	2	5	3	4	8	1	6

172

4	5	7	9	6	1	8	2	3
2	3	8	4	7	5	1	6	9
6	1	9	2	3	8	7	4	5
1	6	2	5	9	3	4	7	8
9	4	3	8	1	7	2	5	6
7	8	5	6	4	2	3	9	1
8	9	6	3	2	4	5	1	7
3	7	4	1	5	9	6	8	2
5	2	1	7	8	6	9	3	4

173

2	8	1	3	4	9	5	6	7
9	3	6	7	8	5	2	4	1
4	7	5	6	2	1	3	8	9
7	1	2	9	6	8	4	5	3
8	5	4	2	3	7	1	9	6
6	9	3	1	5	4	7	2	8
1	2	7	4	9	6	8	3	5
5	4	9	8	1	3	6	7	2
3	6	8	5	7	2	9	1	4

174

5	3	1	6	7	4	2	8	9
9	4	2	5	1	8	3	6	7
7	8	6	9	2	3	1	5	4
1	7	8	3	6	9	5	4	2
6	5	3	1	4	2	7	9	8
2	9	4	7	8	5	6	3	1
3	2	5	8	9	1	4	7	6
8	1	7	4	5	6	9	2	3
4	6	9	2	3	7	8	1	5

175

1	4	9	2	5	7	6	3	8
8	2	7	9	3	6	1	4	5
3	5	6	8	1	4	9	2	7
6	7	5	3	9	8	2	1	4
4	3	1	6	2	5	8	7	9
2	9	8	4	7	1	5	6	3
9	1	2	7	8	3	4	5	6
7	8	4	5	6	2	3	9	1
5	6	3	1	4	9	7	8	2

176

4	1	6	9	5	3	2	8	7
3	9	8	2	6	7	1	4	5
7	2	5	1	8	4	6	9	3
6	7	2	5	3	9	8	1	4
5	4	9	8	1	6	7	3	2
8	3	1	7	4	2	9	5	6
2	5	7	3	9	8	4	6	1
1	8	4	6	7	5	3	2	9
9	6	3	4	2	1	5	7	8

177

1	2	6	3	9	8	4	7	5
9	4	5	7	6	2	8	1	3
3	8	7	5	4	1	2	6	9
6	7	9	2	8	3	5	4	1
4	5	2	1	7	6	3	9	8
8	1	3	9	5	4	6	2	7
7	9	4	6	3	5	1	8	2
5	6	1	8	2	9	7	3	4
2	3	8	4	1	7	9	5	6

178

6	5	3	8	7	2	1	4	9
1	9	4	3	5	6	7	8	2
2	7	8	9	4	1	3	6	5
8	2	7	1	3	9	6	5	4
5	4	9	2	6	7	8	3	1
3	6	1	4	8	5	9	2	7
7	1	6	5	2	3	4	9	8
4	3	5	7	9	8	2	1	6
9	8	2	6	1	4	5	7	3

179

8	9	7	4	2	1	5	3	6
1	6	3	5	7	8	4	9	2
2	4	5	3	6	9	7	8	1
6	3	4	8	5	2	1	7	9
9	2	8	1	3	7	6	4	5
5	7	1	9	4	6	3	2	8
7	5	6	2	8	4	9	1	3
3	1	2	7	9	5	8	6	4
4	8	9	6	1	3	2	5	7

180

5	6	9	1	2	7	4	3	8
2	8	1	3	6	4	7	5	9
3	7	4	9	5	8	2	6	1
6	4	8	2	9	5	1	7	3
7	9	2	4	3	1	6	8	5
1	3	5	7	8	6	9	2	4
9	2	7	5	4	3	8	1	6
8	1	3	6	7	9	5	4	2
4	5	6	8	1	2	3	9	7

181

7	4	9	5	6	3	1	2	8
1	3	5	8	2	9	4	6	7
2	6	8	7	4	1	5	9	3
3	2	1	9	7	6	8	4	5
6	5	7	4	8	2	3	1	9
9	8	4	3	1	5	6	7	2
8	1	3	6	9	7	2	5	4
4	7	2	1	5	8	9	3	6
5	9	6	2	3	4	7	8	1

182

2	7	6	8	4	9	3	5	1
4	1	8	5	7	3	2	6	9
9	3	5	1	2	6	4	8	7
8	2	7	9	5	4	6	1	3
6	9	1	7	3	8	5	2	4
5	4	3	6	1	2	7	9	8
7	8	2	4	9	5	1	3	6
3	6	4	2	8	1	9	7	5
1	5	9	3	6	7	8	4	2

183

6	5	3	9	2	4	7	8	1
2	9	8	1	6	7	3	4	5
1	4	7	5	3	8	2	6	9
4	3	2	6	5	9	1	7	8
9	6	1	8	7	3	5	2	4
7	8	5	4	1	2	9	3	6
5	7	9	3	8	6	4	1	2
8	2	4	7	9	1	6	5	3
3	1	6	2	4	5	8	9	7

184

3	4	8	2	9	6	5	1	7
7	9	1	5	3	4	6	8	2
2	6	5	8	1	7	9	4	3
5	1	7	9	8	2	3	6	4
8	2	9	6	4	3	7	5	1
4	3	6	7	5	1	8	2	9
9	8	3	4	2	5	1	7	6
6	5	4	1	7	9	2	3	8
1	7	2	3	6	8	4	9	5

185

6	1	8	9	5	3	7	2	4
3	2	7	6	1	4	5	9	8
9	4	5	7	2	8	6	3	1
8	6	4	3	9	1	2	5	7
7	3	2	5	8	6	4	1	9
5	9	1	2	4	7	3	8	6
1	7	9	4	3	2	8	6	5
4	8	3	1	6	5	9	7	2
2	5	6	8	7	9	1	4	3

186

6	5	4	2	7	8	1	9	3
8	7	2	3	9	1	4	5	6
9	1	3	5	6	4	8	7	2
7	3	5	4	2	6	9	8	1
1	4	6	9	8	7	3	2	5
2	8	9	1	5	3	6	4	7
4	6	7	8	1	5	2	3	9
3	2	1	7	4	9	5	6	8
5	9	8	6	3	2	7	1	4

187

6	3	9	5	1	8	2	4	7
7	1	5	6	4	2	3	9	8
4	2	8	7	9	3	5	1	6
3	9	6	4	7	5	8	2	1
5	7	4	8	2	1	6	3	9
2	8	1	3	6	9	7	5	4
1	4	7	2	3	6	9	8	5
9	5	2	1	8	7	4	6	3
8	6	3	9	5	4	1	7	2

188

3	4	7	6	5	2	1	8	9
5	8	1	4	7	9	6	2	3
9	2	6	8	3	1	4	7	5
7	1	9	5	4	8	2	3	6
2	3	8	1	9	6	7	5	4
6	5	4	3	2	7	8	9	1
4	7	2	9	6	5	3	1	8
1	9	3	7	8	4	5	6	2
8	6	5	2	1	3	9	4	7

189

8	6	2	9	7	3	5	1	4
9	5	1	8	4	2	3	6	7
7	3	4	5	1	6	9	2	8
3	1	9	6	5	7	4	8	2
5	4	8	2	9	1	6	7	3
2	7	6	3	8	4	1	9	5
6	9	3	7	2	5	8	4	1
4	8	7	1	3	9	2	5	6
1	2	5	4	6	8	7	3	9

190

4	7	5	9	3	8	6	1	2
2	3	8	1	6	4	7	9	5
6	9	1	2	5	7	3	8	4
7	5	3	8	2	1	4	6	9
8	4	9	5	7	6	2	3	1
1	2	6	4	9	3	5	7	8
3	1	4	6	8	2	9	5	7
9	6	2	7	1	5	8	4	3
5	8	7	3	4	9	1	2	6

191

5	9	8	4	1	6	3	7	2
3	2	4	5	8	7	6	9	1
7	6	1	9	3	2	4	5	8
9	1	5	6	7	3	2	8	4
8	3	7	2	9	4	1	6	5
2	4	6	1	5	8	9	3	7
4	5	3	8	6	1	7	2	9
6	8	2	7	4	9	5	1	3
1	7	9	3	2	5	8	4	6

192

9	6	8	3	7	5	1	4	2
4	3	7	1	9	2	5	6	8
2	1	5	4	8	6	7	9	3
1	8	3	2	6	9	4	7	5
7	4	9	5	1	3	8	2	6
5	2	6	8	4	7	3	1	9
3	7	2	9	5	1	6	8	4
8	5	1	6	2	4	9	3	7
6	9	4	7	3	8	2	5	1

193

4	2	1	7	5	3	6	9	8
3	8	6	2	9	4	7	5	1
9	7	5	1	8	6	3	2	4
1	3	8	5	6	2	9	4	7
7	4	9	3	1	8	2	6	5
6	5	2	4	7	9	8	1	3
2	6	3	8	4	5	1	7	9
5	9	7	6	3	1	4	8	2
8	1	4	9	2	7	5	3	6

194

3	9	5	8	6	1	7	4	2
8	1	4	9	7	2	5	6	3
7	6	2	4	5	3	1	9	8
6	2	3	5	9	8	4	1	7
9	7	8	6	1	4	2	3	5
5	4	1	2	3	7	9	8	6
2	8	9	3	4	5	6	7	1
4	3	7	1	2	6	8	5	9
1	5	6	7	8	9	3	2	4

195

8	2	4	3	5	6	7	1	9
3	7	6	9	4	1	2	5	8
9	5	1	8	2	7	6	3	4
1	4	5	7	8	3	9	2	6
7	8	3	6	9	2	1	4	5
2	6	9	5	1	4	3	8	7
6	9	8	2	3	5	4	7	1
4	3	7	1	6	8	5	9	2
5	1	2	4	7	9	8	6	3

196

7	6	2	8	3	9	5	1	4
5	8	1	2	4	6	7	3	9
3	9	4	5	7	1	2	8	6
1	2	3	4	6	7	9	5	8
8	7	5	1	9	2	4	6	3
6	4	9	3	8	5	1	2	7
9	1	6	7	2	8	3	4	5
2	3	8	9	5	4	6	7	1
4	5	7	6	1	3	8	9	2

197

1	6	5	7	8	4	3	9	2
8	7	9	2	5	3	4	6	1
2	3	4	6	9	1	5	8	7
3	2	7	9	4	8	1	5	6
9	8	6	5	1	7	2	3	4
4	5	1	3	6	2	8	7	9
5	1	3	4	7	9	6	2	8
7	4	2	8	3	6	9	1	5
6	9	8	1	2	5	7	4	3

198

2	7	9	5	8	1	4	3	6
1	3	5	6	4	9	2	7	8
8	4	6	2	7	3	1	5	9
7	5	1	8	6	2	3	9	4
9	6	2	4	3	5	7	8	1
3	8	4	9	1	7	5	6	2
5	9	3	1	2	6	8	4	7
4	2	7	3	9	8	6	1	5
6	1	8	7	5	4	9	2	3

199

2	8	6	4	9	1	5	3	7
9	3	5	2	7	8	6	4	1
7	4	1	3	5	6	8	2	9
8	2	4	6	1	3	7	9	5
6	5	7	8	4	9	3	1	2
1	9	3	7	2	5	4	8	6
4	6	9	5	8	2	1	7	3
5	1	8	9	3	7	2	6	4
3	7	2	1	6	4	9	5	8

200

5	2	1	9	6	8	3	4	7
9	7	8	4	1	3	5	6	2
4	6	3	2	7	5	1	8	9
2	3	9	5	8	7	4	1	6
6	8	4	3	9	1	2	7	5
7	1	5	6	4	2	8	9	3
3	9	6	1	2	4	7	5	8
8	4	2	7	5	9	6	3	1
1	5	7	8	3	6	9	2	4